Der
Papagei
in der
Platane

Titel der Originalausgabe: *Sauvages et urbains – À la découverte des animaux dans la ville*
Erschienen bei Arthaud, einem Imprint von Flammarion, 2018
Copyright © 2018 Flammarion

Die Illustrationen der folgenden Seiten sind entnommen aus Œuvres complètes de Buffon, herausge-
geben von M. le Comte de Lacépède, Verlag Rapet et Cie, Paris 1818: 12–13, 24–25, 28–29, 32–33,
40–41, 60–61, 64–65, 68–69, 80–81, 84–85, 88–89, 96–97, 120–121, 128–129, 132–133,
136–137, 140–141, 144–145, 156–157, 160–161.

Konzept und grafische Umsetzung: Karin Doering-Froger

Deutsche Erstausgabe
Copyright © 2019 von dem Knesebeck GmbH & Co. Verlag KG, München
Ein Unternehmen der La Martinière Groupe

Projektleitung: Veronika Brandt, Knesebeck Verlag
Original-Übersetzung: Claudia Arlinghaus, Münster
Neubearbeitung und Redaktion: Anja Kootz, Waren (Müritz)
Umschlaggestaltung: FAVORITBUERO, München
Satz und Herstellung: Arnold & Domnick, Leipzig
Druck: DZS Grafik, d.o.o.
Printed in Slovenia

ISBN 978-3-95728-288-0

www.knesebeck-verlag.de

XAVIER JAPIOT

ILLUSTRATIONEN VON JULIEN NORWOOD

Der Papagei in der Platane

Wilde Tiere erobern die Stadt

KNESEBECK *Stories*

INHALT

Die Stadt – ein lebensfeindlicher Ort? Aber ganz im Gegenteil! Lassen Sie uns einmal genauer hinschauen.

Die Natur ist überall. Selbst in unseren Städten, die doch eigentlich nur für uns Menschen entstanden sind, finden zahlreiche Tiere ein Zuhause. Für manche sind unsere Städte lediglich eine Zwischenstation auf dem Weg in andere Gefilde. Andere hingegen zieht es nicht in die Ferne und sie lassen sich bei uns nieder, weil sie in unserer Nähe reichlich Nahrung finden und sich unter hervorragenden Bedingungen vermehren können.

Je stärker wir Menschen den ländlichen Raum bebauen, desto mehr lockt die stetig wachsende Zahl an Parks in unseren Metropolen, die kleine Refugien für Flora und Fauna bieten, verschiedene Tiere an. Etliche von ihnen leben so geschützt vor ihren natürlichen Feinden, und manche könnten ohne das warme städtische Mikroklima gar nicht in unseren Breiten existieren. Zugegeben, ein Gutteil der städtischen Flächen ist asphaltiert oder auf andere Weise versiegelt, aber unsere tierischen Mitbewohner haben hier sehr raffinierte Überlebensstrategien entwickelt. Wohlgemerkt, wir sprechen nicht von herzlich umsorgten Haushunden und -katzen, sondern von Tieren, die in Freiheit leben und die sich an unser menschengemachtes Umfeld angepasst haben.

Ein Paradebeispiel für diese Art der Anpassung ist die Stadttaube. Sie macht sich zunutze, dass sich unsere Häuserfluchten gar nicht so sehr von jenen Klippen unterscheiden, an denen ihre wilde Verwandte, die Felsentaube, daheim ist. Auch Mauersegler, Dohle und Wanderfalke haben beste Voraussetzungen für das Leben in den Stadtschluchten. Andere tierische Stadtbewohner wissen unsere leicht zugänglichen Abfalltonnen zu schätzen, in denen sie ein reiches Büfett an Leckerbissen ausgemacht haben – Haus- und Wanderratte, Eichelhäher, Rabenkrähe, Steinmarder und sogar der Rotfuchs erweisen sich als verlässliche Nachverwerter unseres Proviants.

Auch unsere Stadtplaner helfen längst mit, der Vielfalt der Arten in unseren Städten Schützenhilfe zu leisten. Und insgesamt wird das Bewusstsein für die Rolle, die der Kontakt mit der Natur für unser alltägliches Wohlbefinden spielt, immer größer. Halten Sie die Augen also offen, wenn Sie durch Ihr Viertel, durch die Straßen Ihrer Stadt gehen, und lassen Sie sich überraschen, welche tierischen Nachbarn Ihnen dort begegnen werden. Dieses Buch wird Ihnen hierfür ein kurzweiliger Begleiter sein.

Gemeine Geburtshelferkröte

Alytes obstetricans

Körpergröße
40–60 Millimeter

Gewicht
5–14 Gramm (Männchen leichter als Weibchen)

Geschlechtsreife
mit einem Jahr

Lebenserwartung
7 Jahre in Freiheit, 5 Jahre in Gefangen-schaft

Lebensraum
Stillgewässer mit Wasserpflanzen, grüne Brachen, Gärten, Parks und Friedhöfe

Haben Sie schon einmal einer Gemeinen Geburtshelferkröte tief in die Augen geschaut? Sie glänzen herrlich golden. Am besten halten Sie überall dort nach ihr Ausschau, wo Steine ein gutes Versteck bieten: in Mauerlücken, an Wegböschungen, in Steinbrüchen, aber auch in kleinen Gärten mit Feuchtzone – gern auch bis zu hundert Meter entfernt von der eigentlichen Höhle. Mit ihrer stämmigen Gestalt sieht die Geburtshelferkröte aus wie eine Miniaturausgabe der Erdkröte. Der Rücken ist gräulich bis gelblich, das Krötenmaul abgerundet, der Bauch rau und die Flanken ziert in rechter Krötenmanier je eine Reihe dicker Warzen, wie auf eine Schnur aufgefädelte Perlen.

Und wie steht es mit der Liebe? Wie alle Amphibien vermehrt sich die Geburtshelferkröte über Eier, sie setzt diese jedoch nicht im Wasser ab. Denn das Krötenmännchen legt ganz besondere Verführungskünste an den Tag: Mit seinem glockenhellen zweisilbigen »Hu-hu« lockt es in der Nacht ein vermehrungswilliges Weibchen zu seinem Höhleneingang. Dieser Ruf hat der Kröte auch den Namen »Glockenfrosch« oder »Läutefrosch« eingetragen. In der Stadt vernehmen wir den Glockengesang der Geburtshelferkröte in Parks und Gärten, aber auch in Haushöfen, überall dort, wo sich unter Holz oder Steinen geeignete Schlupfwinkel bieten.

Je größer das Männchen, desto besser übrigens stehen seine Chancen beim anderen Geschlecht. War seine Brautwerbung erfolgreich, umklammert das Männchen zur Paarung

den Hinterleib des Weibchens und streicht es kräftig mit den Hinterbeinen, als wolle es beim Laichen helfen – daher auch der Name »Geburtshelferkröte«. Das Weibchen setzt daraufhin eine Laichschnur mit zehn bis fünfzig Eiern ab, die das Männchen sogleich befruchtet. Nun kümmert sich das Krötenmännchen um den Nachwuchs und trägt die Eier etwa drei bis sechs Wochen lang mit sich herum. Wenn es spürt, dass die Kaulquappen schlüpfen wollen, begibt es sich zu einer Wasserstelle und taucht dort das Gelege ein. Die grauen dunkel marmorierten Larven wachsen zu den größten Quappen heran, die europäische Froschlurche zu bieten haben. Sie erreichen eine respektable Körperlänge von bis zu neun Zentimetern. (Der inzwischen hier eingebürgerte Ochsenfrosch bringt zwar noch größere hervor, stammt aber ursprünglich aus Amerika.)

Das erwachsene Tier verspeist vornehmlich Insekten und ihre Larven, Spinnentiere, Ringelwürmer, Weichtiere. Etwa von Oktober bis Anfang März begibt sich die Kröte in Winterruhe, ehe ihr Gesang dann wieder das erwachende Frühjahr einläutet.

Nehmen Sie diese Kröte lieber nicht in die Hand, denn dann verströmt sie einen penetranten Knoblauchgeruch, mit dem sie uns zu verstehen gibt, dass ihr das gar nicht gefällt. Das sollten wir respektieren, denn die dämmerungs- und nachtaktive Geburtshelferkröte gilt als gefährdet bis stark gefährdet und steht unter strengem Schutz.

Europäischer Aal

Anguilla anguilla

Körpergröße
40 Zentimeter bis 2 Meter

Gewicht
1–6 Kilogramm

Geschlechtsreife
mit 8 bis 15 Jahren

Lebenserwartung
20 Jahre (Sonderfall: 68 Jahre in Gefangenschaft)

Lebensraum
Fließgewässer mit Ufervegetation, Stillgewässer mit Wasserpflanzen

Woher die Aale eigentlich kommen, die im Meer wie im Süßwasser gleichermaßen leben können, blieb lange Zeit ein Geheimnis. Unsere Vorfahren glaubten sogar, sie entschlüpften in Vollmondnächten dem Schlamm am Gewässergrund. Doch die Wirklichkeit übertrifft wieder einmal jede Fantasie ...

Nördlich der Bermuda-Inseln, vor der Ostküste der Vereinigten Staaten, befindet sich die Sargassosee. Hier, in einer Wassertiefe von ein- bis siebenhundert Metern, setzen die geschlechtsreifen Aale ihren Laich ab, um nur wenig später zu sterben. Für den Nachwuchs beginnt nun eine abenteuerliche Reise: Die frisch geschlüpften durchsichtigen Larven lassen sich während der folgenden ein bis drei Jahre vom Golfstrom quer über den Atlantik tragen – eine schier unglaubliche Wanderung von vier- bis achttausend Kilometern! In den Mündungsbereichen der europäischen Flüsse legen sie dann eine Pause ein. Hier verwandeln sie sich in Jungfische. Durchsichtig bleibt ihr Körper jedoch weiterhin. »Glasaale« nennt man sie daher. Aber der Übergang von der Larve zum Jungfisch fordert seinen Tribut: Er kostet den Jungaal immerhin einen Zentimeter seiner Körperlänge.

Nun ist der Aal im Süßwasser zu Hause. Als »Steigaal« – oder auch, wegen des hellen Bauchs, »Gelbaal« genannt – wandert er die Flüsse hinauf. In der Elbe zum

Beispiel ist er anzutreffen, wie die Elbfischer dort zu berichten wissen, die sich engagiert für den Erhalt dieser akut bedrohten Fischart einsetzen. Er hat nun sein viertes bis achtes Lebensjahr abgeschlossen, und der einstige Wanderfisch wird zum Dauergast in dem Gewässer, das er sich erwählt hat.

Und dort stillt er seinen beträchtlichen Appetit. Der Europäische Aal verschlingt nahezu alles, was ihm vor das Maul kommt – Hauptsache es ist frisch. Kleine lebende Fische, Krusten- und Weichtiere, Insekten, Würmer, Kaulquappen. Selbst ausgewachsene Frösche, Unken oder Molche sind vor ihm nicht sicher und werden von besonders großen Aalen kurzerhand verschluckt. Dabei macht sich der Aal vor allem nachts auf Nahrungssuche.

Nun steht der letzte Lebensabschnitt des Verwandlungs- künstlers an: Der Gelbaal wird zum »Blankaal«. Dabei färbt sich sein Rücken dunkel, während sein Unterbauch silbern glänzt. Jetzt macht er sich auf die lange Wande- rung zurück an jenen Ort, an dem er einst seinen Anfang nahm – über Tausende von Kilometern bis in die Sargas- sosee, um dort zu laichen. Sicherlich also einer der am weitesten gereisten Gäste, die in unseren Städten, also in den Flüssen, die sie durchziehen, anzutreffen sind. Die schlechte Nachricht ist, dass dieser geheimnisvolle Fisch derzeit akut vom Aussterben bedroht ist.

Deutsche Schabe

Blattella germanica

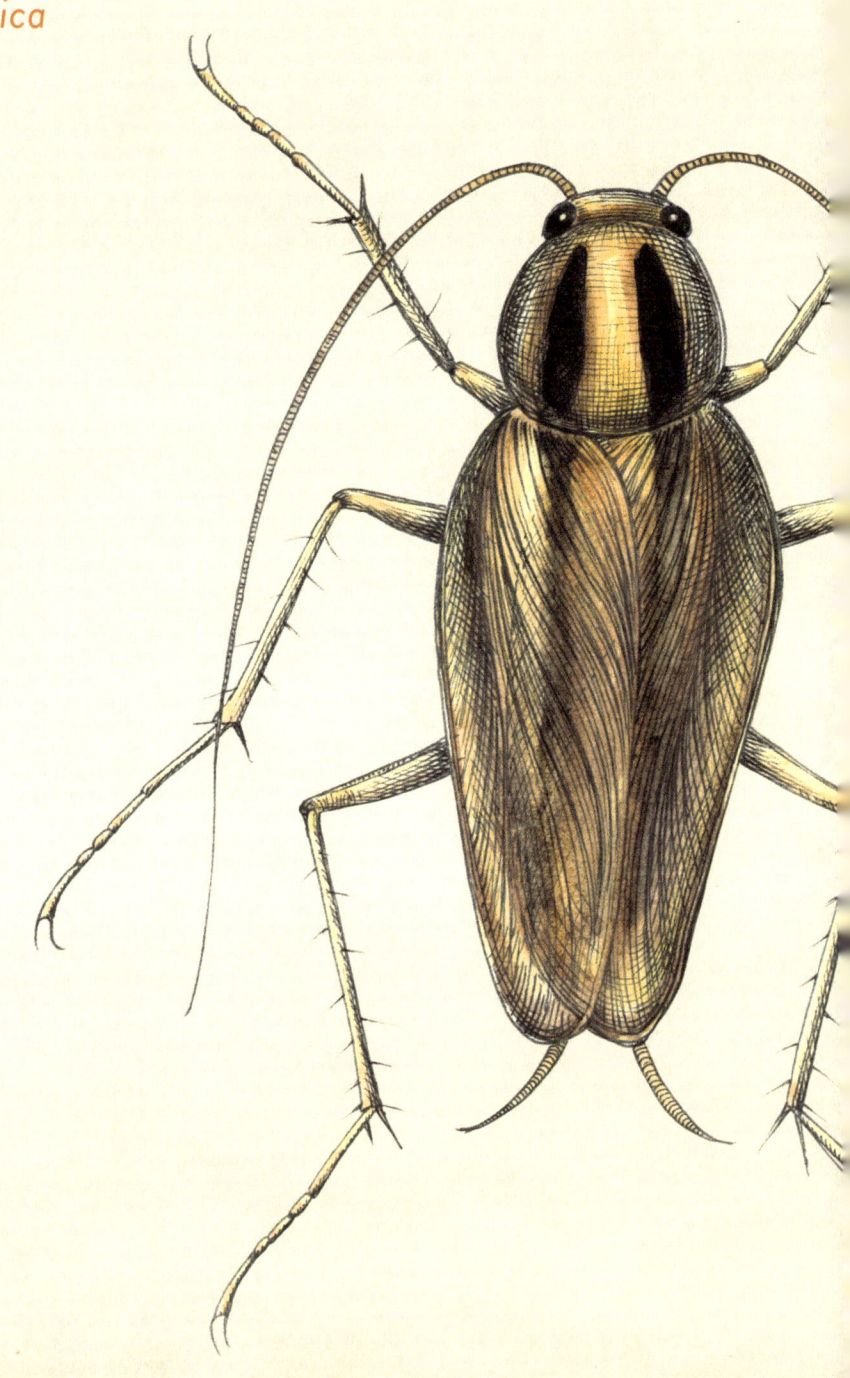

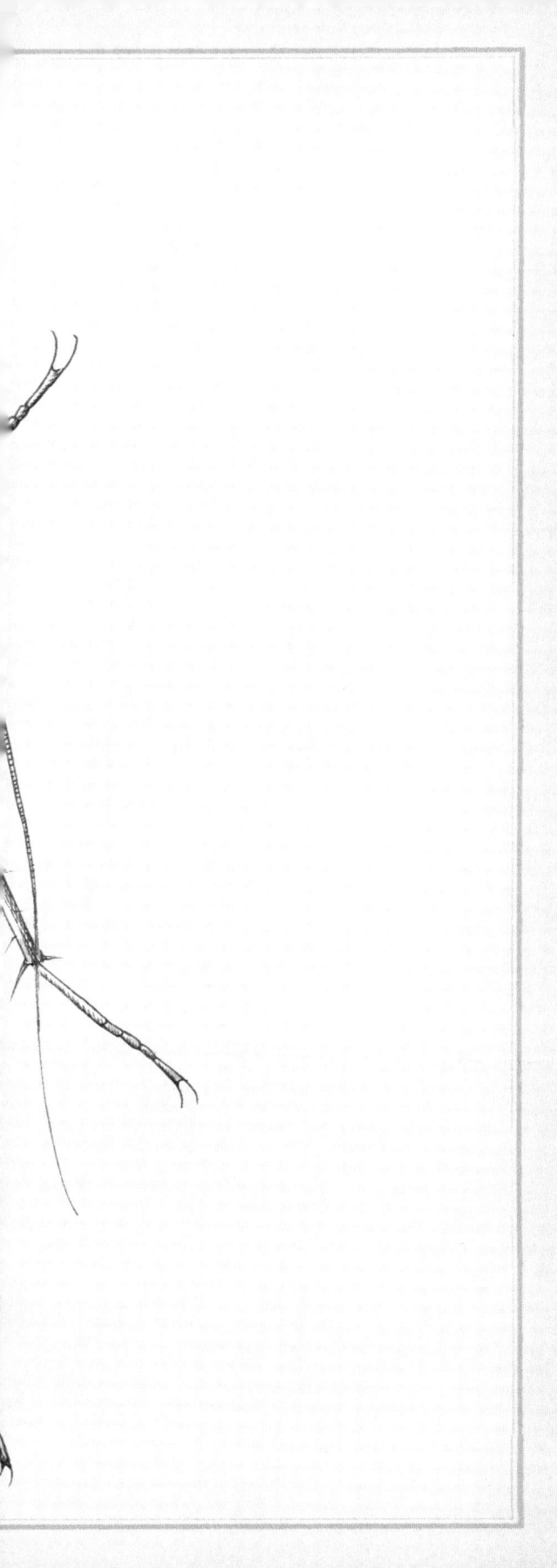

Körpergröße
13–16 Millimeter

Gewicht
0,1–0,12 Gramm

Geschlechtsreife
Männchen mit 10 Monaten, Weibchen
mit 8 Monaten

Lebenserwartung
16 Monate insgesamt (als erwachsenes
Tier: Männchen 6 Monate, Weibchen
8 Monate)

Lebensraum
Gebäude, Häuser, hinter Bildern und
Spiegeln

Wer hätte gedacht, dass die Deutsche Schabe ursprünglich aus Westafrika stammt? Das erklärt vielleicht, warum sie sich bei uns bevorzugt an warmen, feuchten Orten aufhält – am wohlsten fühlt sie sich bei 25–32 Grad Celsius und 70 Prozent Luftfeuchtigkeit.

Nach der Paarung legt das Schabenweibchen ein etwa sechs Millimeter langes Eipaket ab, das meistens um die dreißig Eier enthält. Dieses Paket trägt es mit sich herum und versorgt die sich entwickelnden Nachkommen mit Nährstoffen und Feuchtigkeit. Zwei bis vier Wochen später schlüpfen dann die Larven. Und stellen Sie sich nur vor, theoretisch kann sich die Zahl der Nachkommen eines einzigen Schabenpaares auf mehrere Hunderttausend belaufen!

Dieses überaus gesellige Insekt verlässt sein Versteck vor allem im Schutz der Nacht, um nach Nahrung zu suchen. Die Schabe ist ein Allesfresser und bedient sich an unseren Vorräten ebenso wie an Abfällen. Auch Tierfutter, Textilien oder Papier sind vor ihr nicht sicher.

Als Allesfresser lebt die Schabe in unserer nächsten Nähe, denn in unseren Häusern findet sie immer etwas Essbares. Noch immer heißt es gelegentlich, die Deutsche Schabe bevorzuge verdorbene Lebensmittel und halte sich an feuchten Orten wie etwa im Abfluss auf, doch das ist ein Irrtum: Vielmehr trifft dies auf ihre Verwandten die Australische Schabe *(Periplaneta australasiae)* sowie die Amerikanische Schabe *(Periplaneta americana)* zu.

Die Deutsche Schabe besitzt am letzten Hinterleibssegment ein mit empfindlichen Härchen besetztes Paar Anhänge. Sie sind für das Tier eine Art Frühwarnsystem und melden dem Insekt bereits kleinste Erschütterungen und Geräusche. Außerdem verfügt sie über eine nahezu 360-Grad-Rundumsicht. Eine perfekte Ausstattung also, um sich flugs in Sicherheit zu bringen, wenn Gefahr droht.

Götterbaum-Spinner

Samia cynthia parisiensis

Körperlänge
Männchen 25 Millimeter, Weibchen
35 Millimeter

Spannweite
12–13 Zentimeter

Gewicht
4,8–5,3 Gramm

Geschlechtsreife
mit 4 bis 5 Monaten

Lebenserwartung
5 Monate als Raupe; 1 Monat als
Schmetterling

Lebensraum
Gärten, Parks und Friedhöfe

Alles begann mit der Krise der europäischen Seiden-
raupenzucht Mitte des 19. Jahrhunderts. Die Raupen
des chinesischen Maulbeerspinners (Bombyx mori),
der so fleißig für die Seidenindustrie arbeitete, wurden
nämlich zunehmend von einem Parasiten heimgesucht.
Man brauchte Ersatz und brachte dafür den Götter-
baum-Spinner aus China nach Frankreich. Dann aber
fand der große französische Chemiker und Biologe Louis
Pasteur eine Lösung, den Parasitenbefall der Maulbeer-
spinnerraupe zu stoppen. Die Ersatzdienste des Götter-
baum-Spinners wurden plötzlich nicht mehr gebraucht.
Es konnten sich jedoch einige Populationen in Freiheit
etablieren.

Beobachtet wird der Seidenspinner in Frankreich, aber
auch in anderen europäischen Regionen, wo seine Fut-
terpflanze, der namensgebende Götterbaum (Ailanthus
altissima), als Ziergehölz steht und verwildert ist, zum
Beispiel in Italien, in der südlichen Schweiz, in Wien und
Nordost-Österreich.

Der Schmetterling hält sich besonders gern in unmittelbarer Nähe seiner Wirtsbäume auf, zum Beispiel an Park-
bäumen oder an Wildlingen an Bahndämmen. Im Herbst
und Winter entdeckt man die acht Zentimeter langen,
einen Zentimeter breiten grauen Kokons am leichtesten.

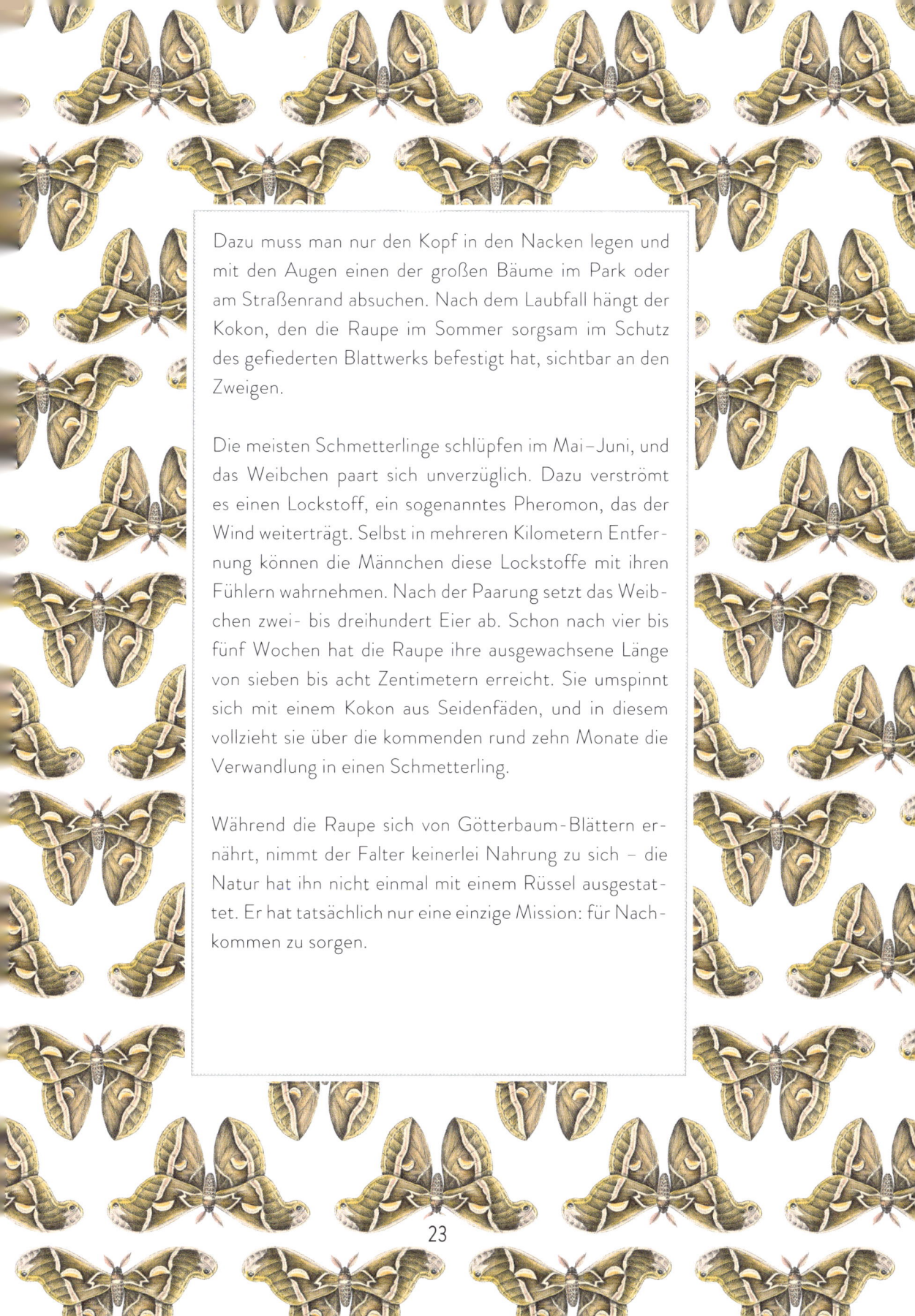

Dazu muss man nur den Kopf in den Nacken legen und mit den Augen einen der großen Bäume im Park oder am Straßenrand absuchen. Nach dem Laubfall hängt der Kokon, den die Raupe im Sommer sorgsam im Schutz des gefiederten Blattwerks befestigt hat, sichtbar an den Zweigen.

Die meisten Schmetterlinge schlüpfen im Mai–Juni, und das Weibchen paart sich unverzüglich. Dazu verströmt es einen Lockstoff, ein sogenanntes Pheromon, das der Wind weiterträgt. Selbst in mehreren Kilometern Entfernung können die Männchen diese Lockstoffe mit ihren Fühlern wahrnehmen. Nach der Paarung setzt das Weibchen zwei- bis dreihundert Eier ab. Schon nach vier bis fünf Wochen hat die Raupe ihre ausgewachsene Länge von sieben bis acht Zentimetern erreicht. Sie umspinnt sich mit einem Kokon aus Seidenfäden, und in diesem vollzieht sie über die kommenden rund zehn Monate die Verwandlung in einen Schmetterling.

Während die Raupe sich von Götterbaum-Blättern ernährt, nimmt der Falter keinerlei Nahrung zu sich – die Natur hat ihn nicht einmal mit einem Rüssel ausgestattet. Er hat tatsächlich nur eine einzige Mission: für Nachkommen zu sorgen.

Europäischer Biber

Castor fiber

Körpergröße

75–130 Zentimeter, davon etwa
30 Zentimeter Schwanz

Gewicht

15–38 Kilogramm

Geschlechtsreife

beim Männchen mit 2,5 bis 3 Jahren,
beim Weibchen mit 2 bis 3 Jahren

Lebenserwartung

8 Jahre

Lebensraum

Fließgewässer mit Ufervegetation, Stillgewässer mit Wasserpflanzen, Auwälder

Sie möchten einen Biber beobachten? Die Chancen dafür stehen am besten, wenn Sie sich in der Abenddämmerung am Ufer eines Flusses oder Baches auf die Lauer legen und sich absolut still verhalten.

Diese Orte nennt der Europäische Biber nämlich sein Zuhause. Dort gräbt er einen Bau in den Hang, dessen Eingang grundsätzlich unter Wasser liegt, sodass er sich von Feinden unentdeckt bewegen kann. Im Januar/Februar begibt sich der männliche Biber auf Brautschau. Die Paarung findet meist im Wasser und bei Dunkelheit statt. Nach etwa hundert Tagen Tragzeit bringt das Weibchen ein bis drei Junge zur Welt, die zunächst bei den Eltern bleiben, bis sie sich frühestens im Alter von zwei Jahren selbstständig machen.

Der Biber besitzt einen undurchdringlichen Pelz, der ihn beim Schwimmen und Tauchen warm und trocken hält, außerdem erweisen sich seine automatisch dicht schließenden Nasen- und Ohrlöcher als sehr praktisch. Die Kelle – der geschuppte, 12–16,5 Zentimeter breite, flache Biberschwanz – dient ihm hervorragend als Steuerruder, und so kann er sich höchst geschickt durchs Wasser bewegen. Hinzu kommt ein enormer Vortrieb dank der Hinterfüße, die gespreizt fast der Größe einer menschlichen Hand entsprechen. Seine Körpergröße von bis zu hundertdreißig Zentimetern bringt ihm zudem den Titel »größter Nager Europas« ein.

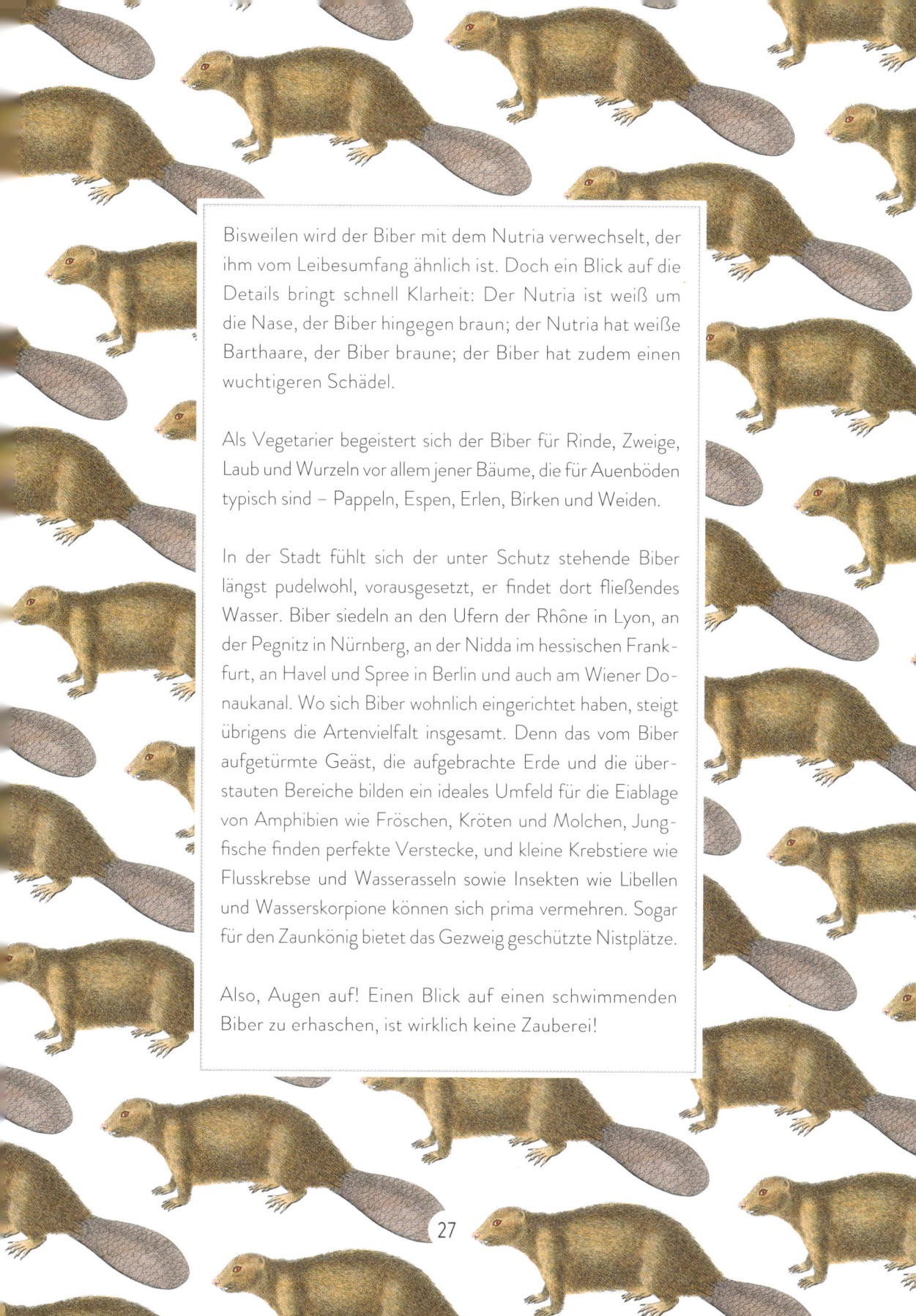

Bisweilen wird der Biber mit dem Nutria verwechselt, der ihm vom Leibesumfang ähnlich ist. Doch ein Blick auf die Details bringt schnell Klarheit: Der Nutria ist weiß um die Nase, der Biber hingegen braun; der Nutria hat weiße Barthaare, der Biber braune; der Biber hat zudem einen wuchtigeren Schädel.

Als Vegetarier begeistert sich der Biber für Rinde, Zweige, Laub und Wurzeln vor allem jener Bäume, die für Auenböden typisch sind – Pappeln, Espen, Erlen, Birken und Weiden.

In der Stadt fühlt sich der unter Schutz stehende Biber längst pudelwohl, vorausgesetzt, er findet dort fließendes Wasser. Biber siedeln an den Ufern der Rhône in Lyon, an der Pegnitz in Nürnberg, an der Nidda im hessischen Frankfurt, an Havel und Spree in Berlin und auch am Wiener Donaukanal. Wo sich Biber wohnlich eingerichtet haben, steigt übrigens die Artenvielfalt insgesamt. Denn das vom Biber aufgetürmte Geäst, die aufgebrachte Erde und die überstauten Bereiche bilden ein ideales Umfeld für die Eiablage von Amphibien wie Fröschen, Kröten und Molchen, Jungfische finden perfekte Verstecke, und kleine Krebstiere wie Flusskrebse und Wasserasseln sowie Insekten wie Libellen und Wasserskorpione können sich prima vermehren. Sogar für den Zaunkönig bietet das Gezweig geschützte Nistplätze.

Also, Augen auf! Einen Blick auf einen schwimmenden Biber zu erhaschen, ist wirklich keine Zauberei!

Waldkauz

Strix aluco

Körpergröße
39 Zentimeter

Flügelspannweite
94–104 Zentimeter

Gewicht
420–590 Gramm

Geschlechtsreife
mit einem Jahr

Lebenserwartung
18 Jahre

Lebensraum
Gehölze, Laub- und Nadelwälder, große Bäume, Baumhöhlen, Gärten, Parks und Friedhöfe

Haben Sie schon einmal des Nachts ein lang gezogenes »Huhuuh« vernommen, auf das ein heiseres »Kuwitt« folgte? Wenn ja, dann haben Sie belauscht, wie ein männlicher Waldkauz nach einem Weibchen ruft und von diesem erhört wird.

In unseren Städten schätzt der Waldkauz Stadtwälder ebenso wie große Parkanlagen. Im März/April sucht er sich zur Eiablage eine Höhle in einem Baum oder Gebäude, und auch Nistkästen nimmt er gern an. Die Brutzeit fällt zwischen März und Juli. Die Jungvögel, die bereits nach vier bis fünf Wochen die Nisthöhle verlassen, werden weitere sieben bis acht Wochen bis zum Erreichen der Selbstständigkeit weiterversorgt. Im Anschluss bleiben sie noch eine Weile auf dem elterlichen Territorium, wenn sie sich nicht sogleich ein eigenes Gebiet suchen. Ein Waldkauzpaar in freier Natur benötigt ein Revier von zwanzig bis siebenundsechzig Hektar Laubwald oder hundertfünfzig bis zweihundertfünfzig Hektar Nadelwald. In der Stadt hingegen gibt es sich schon mit zwanzig Hektar zufrieden.

Der Waldkauz jagt bei Nacht, und zwar nach Kleinsäugern wie Wald-, Scher- und Spitzmäusen. Er macht ebenfalls Jagd auf kleinere Vögel, Eidechsen und Frösche, frisst

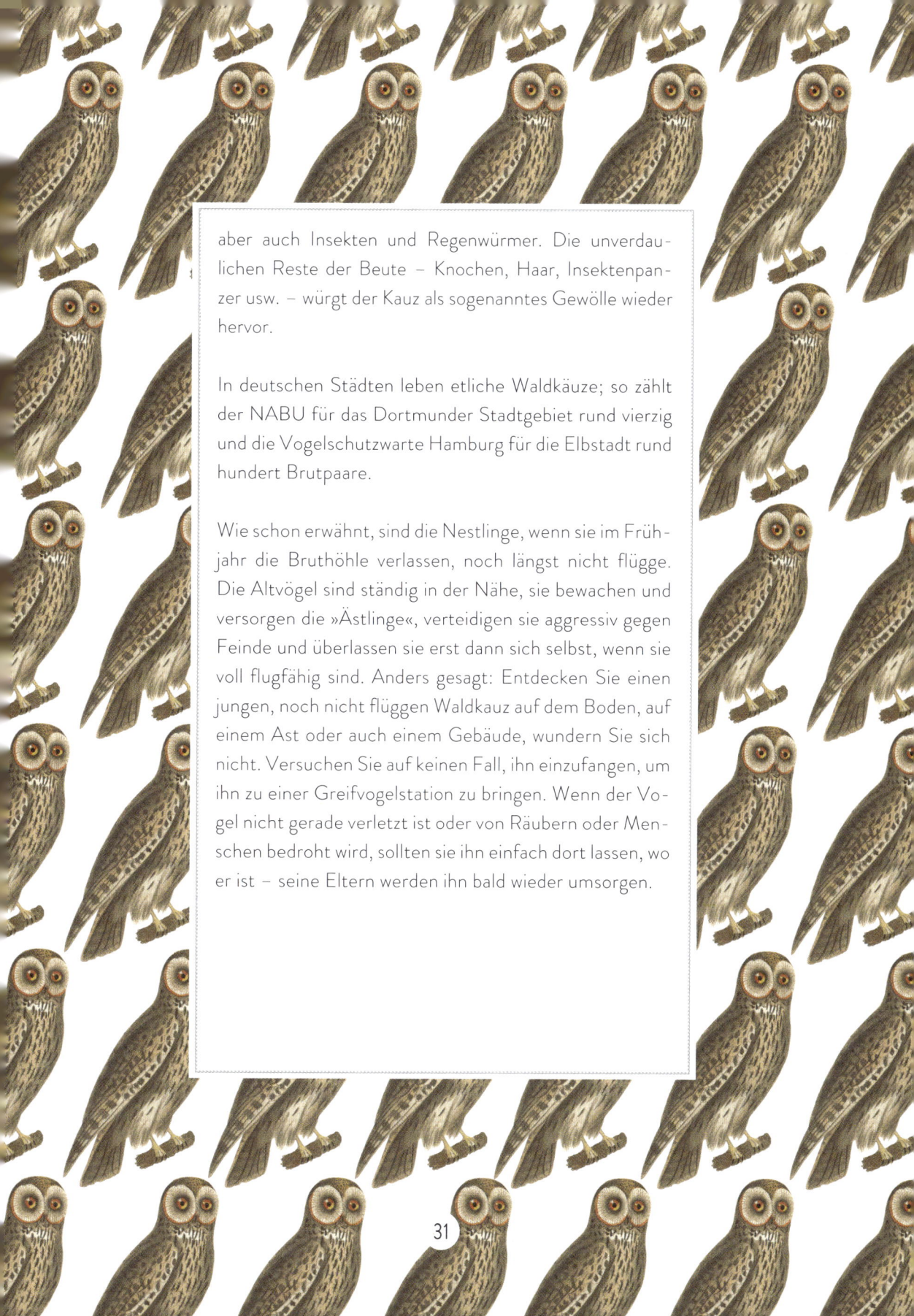

aber auch Insekten und Regenwürmer. Die unverdaulichen Reste der Beute – Knochen, Haar, Insektenpanzer usw. – würgt der Kauz als sogenanntes Gewölle wieder hervor.

In deutschen Städten leben etliche Waldkäuze; so zählt der NABU für das Dortmunder Stadtgebiet rund vierzig und die Vogelschutzwarte Hamburg für die Elbstadt rund hundert Brutpaare.

Wie schon erwähnt, sind die Nestlinge, wenn sie im Frühjahr die Bruthöhle verlassen, noch längst nicht flügge. Die Altvögel sind ständig in der Nähe, sie bewachen und versorgen die »Ästlinge«, verteidigen sie aggressiv gegen Feinde und überlassen sie erst dann sich selbst, wenn sie voll flugfähig sind. Anders gesagt: Entdecken Sie einen jungen, noch nicht flüggen Waldkauz auf dem Boden, auf einem Ast oder auch einem Gebäude, wundern Sie sich nicht. Versuchen Sie auf keinen Fall, ihn einzufangen, um ihn zu einer Greifvogelstation zu bringen. Wenn der Vogel nicht gerade verletzt ist oder von Räubern oder Menschen bedroht wird, sollten sie ihn einfach dort lassen, wo er ist – seine Eltern werden ihn bald wieder umsorgen.

Weißstorch

Ciconia ciconia

Körpergröße

102 Zentimeter

Flügelspannweite

155–165 Zentimeter

Gewicht

3–3,5 Kilogramm

Geschlechtsreife

mit 4 bis 5 Jahren

Lebenserwartung

26 Jahre

Lebensraum

Fließgewässer mit Ufervegetation, Stillgewässer mit Wasserpflanzen, Röhricht, Feuchtwiesen, Acker-flächen, Auwald, Parks und Gärten, Gebäude und Bauten aller Art

Wer kennt sie nicht, die Mär vom Klapperstorch, der die Babys bringt? Schon seit Ewigkeiten ist der Weißstorch in unseren Breiten ein Glücks- und Fruchtbarkeitssymbol, und seine Nester sind ein vertrauter Anblick auf unseren Kirchtürmen, Strommasten und hohen Hausdächern. Auch Nisthilfen, die der Mensch ihm anbietet, zum Beispiel in Form eines alten Wagenrades, nimmt er dankend an. Das Nest wiegt durchschnittlich vierhundert Kilogramm – der Rekord liegt bei sage und schreibe 1,3 Tonnen. Das Weibchen legt nach der Paarung in der Regel vier glatte weiße Eier in den gewaltigen Horst. Während der nächsten zweiunddreißig bis vierunddreißig Tage bebrüten tagsüber beide Elternvögel im Wechsel und nachts allein das Weibchen die Eier, bis die Jungvögel schlüpfen. Jedes Mal übrigens, wenn das Storchenmännchen zum Nest zurückkehrt, muss es seine Partnerin mit lautem Schnabelklappern grüßen, wenn es keinen Hinauswurf riskieren will. Die jungen Störche erheben sich nach fünfundfünfzig bis sechzig Tagen erstmals in die Lüfte.

Mindestens so verankert wie das Bild eines Storchs, der ein Baby in der Windel herbeiträgt, ist in uns die Vorstellung, wie der weiße Storch mit seinem langen roten Schnabel grüne zappelnde Frösche verspeist. Die stehen zwar tatsächlich auf seinem Speiseplan, aber auch andere Kleintiere greift er geschickt mit dem etwa zwanzig Zentimeter langen Schnabel. Mit seinen langen, dünnen Beinen durchschreitet er Felder, Weiden und Feuchtwiesen,

wo er Ratten und Mäuse, Nattern und Eidechsen, Fische, selbst Vögel, Insekten und ihre Larven, Tausendfüßler und natürlich ... Frösche erbeutet.

Der Weißstorch ist auf unseren Wiesen und Auen aber nur ein Sommergast. Zweimal im Jahr macht er sich auf eine lange Reise, im Frühjahr kommt er aus Afrika zu uns, im Spätsommer tritt er den Rückweg an. Die europäischen Störche gliedern sich in zwei Gruppen, die beide den Flug über das Mittelmeer meiden. Die »Weststörche« nehmen den Weg über die Straße von Gibraltar und fliegen von dort nach Westafrika weiter; die andere Gruppe zieht über die Dardanellen und lässt sich dann im östlichen Afrika nieder. Auf der langen Reise in die südlichen Gefilde macht der Storch sich warme Aufwinde über dem Festland zunutze, um möglichst kräftesparend an sein Ziel zu gelangen. Allen Widrigkeiten zum Trotz – Jagd und Wilderei, Gift und Hochspannungsleitungen – gelingt den Störchen diese Reise immer wieder.

Bei seiner Rückkehr bleibt der Storch meist seinem vorjährigen Nest treu. Mancherorts fühlen sich die Störche sogar so wohl, dass sich viele Ortschaften in Deutschland selbst »Storchenstadt« nennen. Wenn Sie also das nächste Mal am Marktplatz einen leckeren Cappuccino im Café genießen, lassen Sie ruhig einmal die Augen zu den Häuserdächern schweifen. Vielleicht leistet Ihnen Adebar ja hoch oben Gesellschaft.

Mauerassel

Oniscus asellus

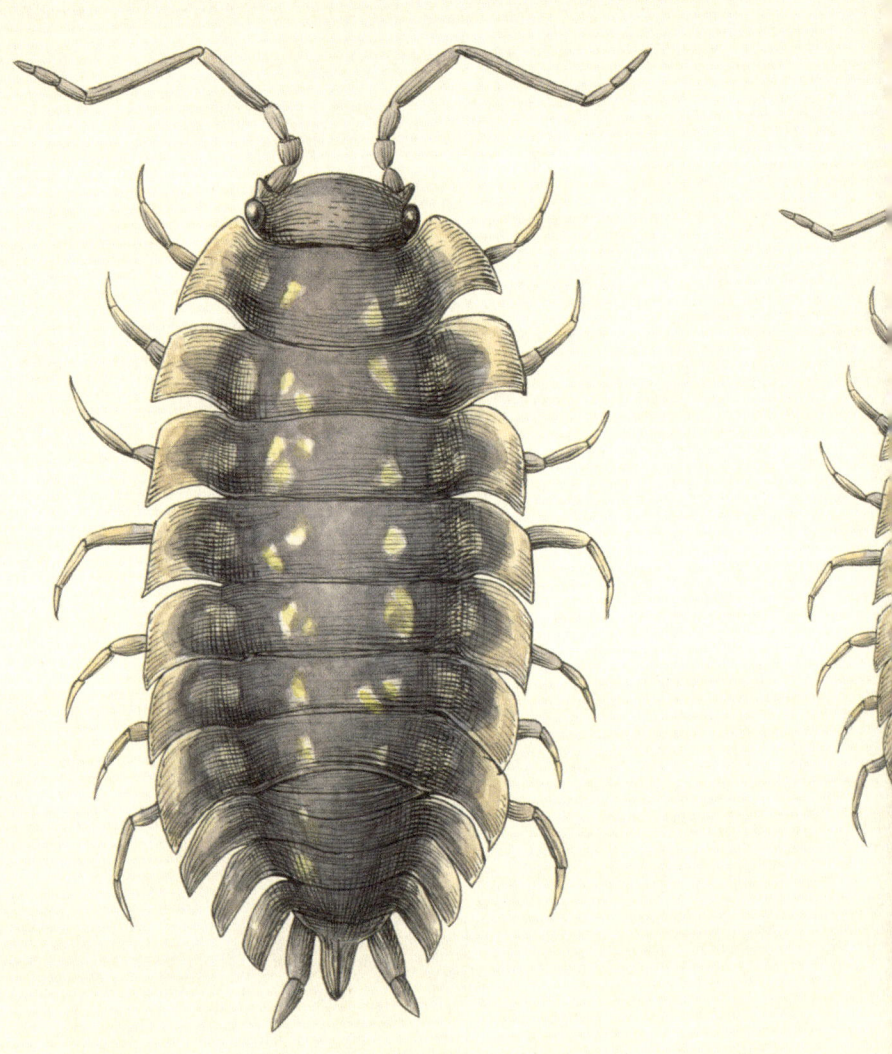

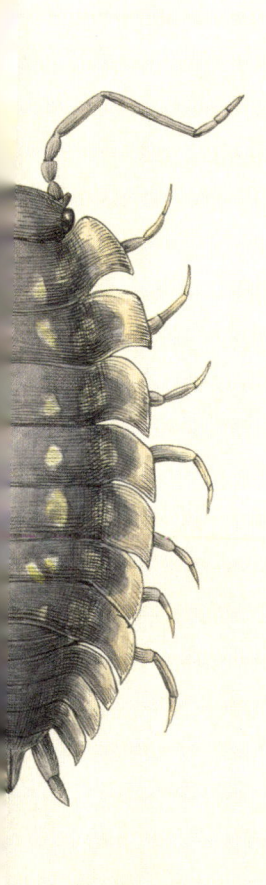

Körpergröße

1,8 – 2 Zentimeter

Gewicht

0,1 – 0,5 Gramm

Geschlechtsreife

mit einem Jahr

Lebenserwartung

2 bis 3 Jahre

Lebensraum

Erdreich, Bodenmull, Bauschutt, Bahndämme, Wiesen und Rasenflächen, grüne Brachen, Ackerland, Gemüse- und Obstgärten, Unterholz, Gärten, Parks und Friedhöfe, Mauerritzen, Böschungsmauern, Gebäude und Bauten aller Art

Was halten Sie von einer Mauerassel als Haustier? Alles, was Sie dafür benötigen, ist ein kühl aufgestelltes Behältnis mit genügend Feuchtigkeit und schummrigen Versteckmöglichkeiten: das reinste Asselparadies!

Die dämmerungs- und nachtaktive graue bis dunkelbraune Mauerassel ist kein Insekt, sondern gehört zu den Krebstieren. Sie atmet mithilfe von Kiemen, weshalb es um sie herum ständig feucht sein muss. Mauerasseln versammeln sich zu Kolonien und sind in großer Zahl unter Steinen, Holz und Ziegeln zu finden – Orte, an denen sie vor dem Austrocknen geschützt sind. Als Krebstiere verfügen sie über sieben Paar Gliedmaßen und zwei Paar Fühler und übertrumpfen so Insekten mit ihren sechs Füßen und vier Fühlern allemal.

Mauerasseln ernähren sich von Algen, Bakterien, Schimmelpilzen und verrottenden Pflanzenteilen. Hier bereiten sie die Stoffe für andere, kleinere Organismen auf, die sich dann um den nächsten Schritt im Verrottungsprozess kümmern. Lebende Pflanzen rühren sie nicht an.

Vermehrungszeit ist vom Frühjahr bis zum Herbst, drei Mal im Jahr produzieren sie ein Gelege. Nach der Befruchtung trägt das Weibchen – fast wie ein Känguru – zunächst die Eier und später die Jungtiere an der Körperunterseite in einem Brutbeutel. Nach einem Monat entsteht die Larve, die wie eine Miniaturausgabe des erwachsenen Tiers aussieht.

Der Hauptfeind der scheuen Mauerassel ist der Große Asseljäger *(Dysdera crocata)*, eine Sechsaugenspinne, die sich auf die Jagd nach Mauerasseln spezialisiert hat. Verspürt unsere Assel, dass Gefahr im Verzug ist, rollt sie sich in Igelmanier zu einer Kugel zusammen. Wenn aber der Große Asseljäger ihr auflauert, nützt ihr diese Strategie leider nichts und sie wird trotzdem gefressen.

In manchen Regionen Südamerikas wird die Mauerassel übrigens tatsächlich von Kindern als Haustier gehalten. Vielleicht haben Sie nun doch Lust bekommen?

Ringelnatter

Natrix natrix

Körpergröße

Männchen 1,10 Meter, Weibchen 1,40 bis 2 Meter

Gewicht

Männchen 150 Gramm, Weibchen 350 Gramm

Geschlechtsreife

beim Männchen mit 3 Jahren, beim Weibchen mit 4 Jahren

Lebenserwartung

Männchen 15 Jahre, Weibchen 25 Jahre

Lebensraum

Fließgewässer mit Ufervegetation, Stillgewässer mit Wasserpflanzen, Röhricht, grüne Brachen, Ackerland, Gemüse- und Obstgärten, Unterholz, Gärten, Parks und Friedhöfe

Bei einer Wanderung mit Freunden im Vaucluse konnte ich einmal nicht widerstehen und hob eine ungefähr 1,80 Meter lange Ringelnatter vom Boden auf. Ich kann Ihnen sagen, ich habe das Tier umgehend wieder abgesetzt, doch zu spät – es hatte sich bereits über meinen Rucksack entleert, und so durfte ich den Rest der Wanderung in gebührendem Abstand von meinen Freunden fortsetzen. Was war passiert?

Wird eine Ringelnatter von einem Fressfeind oder einem zu neugierigen Menschen in die Enge getrieben, verfällt sie in eine Schreckstarre. Sie erschlafft, zeigt ihren Bauch und lässt die Zunge aus dem offen stehenden Maul hängen, um den Störenfried von sich abzukehren. Kann man es, so wie ich, dennoch nicht lassen, sie aufzuheben, kann es geschehen, dass sie vor Schreck ihren gesamten Darminhalt entleert. Den unerträglichen Gestank durfte ich dann übrigens einige Tage mit mir herumtragen, da half kein Waschen und kein Schrubben.

Abgesehen von dem üblen Geruch, den die Ringelnatter verbreiten kann, ist sie wie sämtliche Wassernattern völlig harmlos. Kennzeichnend für diese schwarze Schlange sind ihre charakteristischen weißen Nackenflecken. Sie fühlt sich in Stadtgärten mit Feuchtzone wohl, wo sie ihre Nahrung findet. Die Ringelnatter ist eine Meisterin im Luftanhalten, ein Tauchgang kann über dreißig Minuten

dauern. Auf der Suche nach Fröschen, Kröten, Molchen, Kaulquappen und Fischen bewegt sie sich ebenso gut unter Wasser vorwärts wie an der Wasseroberfläche.

Wenn sie sich an Land in typischer Schlangenmanier züngelnd vorwärts bewegt, nimmt sie mit ihrer gespaltenen Zunge den Geschmack von Luft und Boden auf. Einerseits dient ihr dies zur Orientierung, andererseits registriert sie so auch den Geruch nahender Beutetiere: lecker, eine Waldmaus!

Das Männchen ist wie alle Schuppenkriechtiere mit zwei Begattungsorganen ausgestattet, die Hemipenis genannt werden und jeweils mit einem Hoden in Verbindung stehen. Zum Einsatz bei der Paarung kommt jeweils nur einer dieser Hemipenisse. Die Paarung kann mehrere Stunden dauern. Das befruchtete Weibchen sucht im Anschluss eine Nische oder eine Höhle, wo es elf bis siebzig weiße längliche Eier mit flexibler Schale absetzt.

Und wie unterscheidet man die Natter von einer Viper? Der Schwanz der Natter ist lang, der der Viper kurz; der Kopf der Natter ist oval und mit großen Schuppen besetzt, der der Viper dagegen vom Körper abgesetzt, dreieckig und mit kleinen Schuppen; die Pupille der Natter ist kein senkrechter Schlitz wie bei einer Katze, sondern rund wie beim Hund.

Kamberkrebs

Orconectes limosus

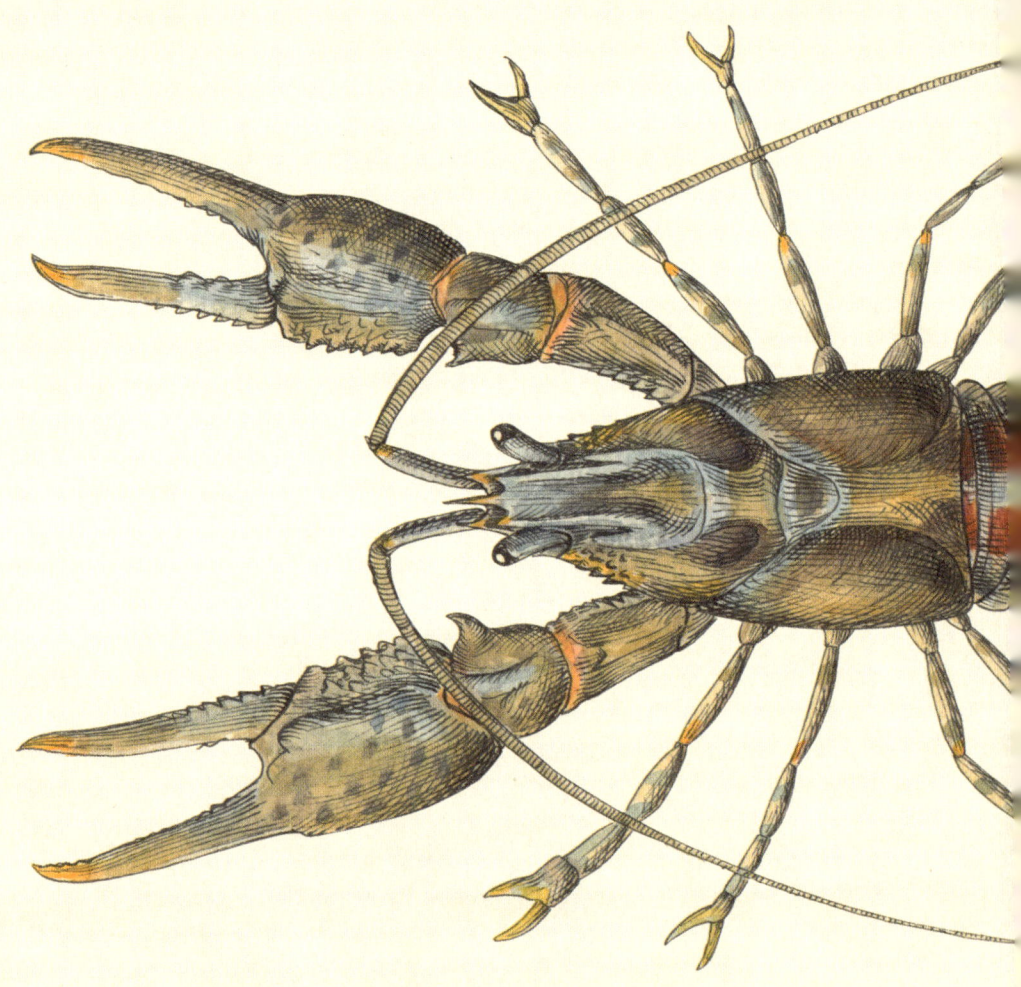

Körpergröße

7–14 Zentimeter (ohne Scheren)

Gewicht

120 Gramm

Geschlechtsreife

mit 2 Jahren

Lebenserwartung

4 Jahre

Lebensraum

Fließgewässer mit Ufervegetation, Stillgewässer mit Wasserpflanzen, Röhricht

Von den neun in Deutschland anzutreffenden Fluss-
krebsarten sind nur drei bei uns heimisch, die übrigen
wurden im Laufe der Zeit durch den Menschen einge-
führt. Zu den zugezogenen Arten zählt der Kamberkrebs,
der auch »Amerikanischer Flusskrebs« genannt wird und
sich rasant vermehrt.

Er stammt ursprünglich von der Ostküste der Vereinigten Staaten und wurde 1890 in Deutschland ausgesetzt.
Seither hat er sich über große Teile Europas verbreitet.
1911 wurde er im französischen Département Cher freigesetzt und 1969 in Salzburg. Er ist allerdings Überträger
der Krebspest (*Aphanomyces astaci*), einer für die heimischen Krebsarten tödlichen Schlauchpilzinfektion.

Der Kamberkrebs bevorzugt vor allem stille bis ruhige
Feuchtbiotope wie Teiche und Seen mit reichlich Pflan-
zenbewuchs, aber auch in den Uferbereichen von stadt-
nahen Stränden ist er zu beobachten. Man erkennt ihn an
seiner ziegelroten Zeichnung.

Ab dem Herbst sucht der männliche Krebs hektisch
nach Weibchen, die gerade dabei sind, ihren Panzer
abzustreifen. Er dreht sie mit seinen starken Scheren
auf den Rücken, um sich Bauch an Bauch mit ihnen zu

paaren. Erst im April/Mai erfolgt dann die Befruchtung der zweihundert bis vierhundertfünfzig Eier. Das Weibchen trägt die Eier geschützt an seinem Unterleib (dem »Krebsschwanz«) und fächelt ihnen regelmäßig frisches Wasser zu. Je nach Wassertemperatur können sich die Larven bereits acht Tage nach dem Schlupf selbstständig machen.

Der Kamberkrebs ist in der Lage, von einem Gewässer zum nächsten zu wandern, und so besiedelt er ganze Regionen flächendeckend. Als wahrer Anpassungsprofi verträgt er ein breites Temperaturspektrum und selbst Wasser von niedriger Qualität macht ihm nichts aus. Der Allesfresser ernährt sich von Pflanzen ebenso wie von anderen Krebstieren, Weichtieren und Kaulquappen, aber auch Fischlaich und -brut verschmäht er nicht.

Wachsen kann der Flusskrebs nur, wenn er sich von seinem alten, zu eng gewordenen Panzer befreit. Dazu benötigt er zwischen zehn und sechzig Minuten. Der nun schutzlose Krebs sucht sich ein Versteck, in dem er acht bis zehn Tage ausharrt, bis der neue Panzer genügend ausgehärtet ist. Erst jetzt kann er sich mitsamt seinem neuen »Maßanzug« wieder in die Welt hervorwagen.

Gartenkreuzspinne

Araneus diadematus

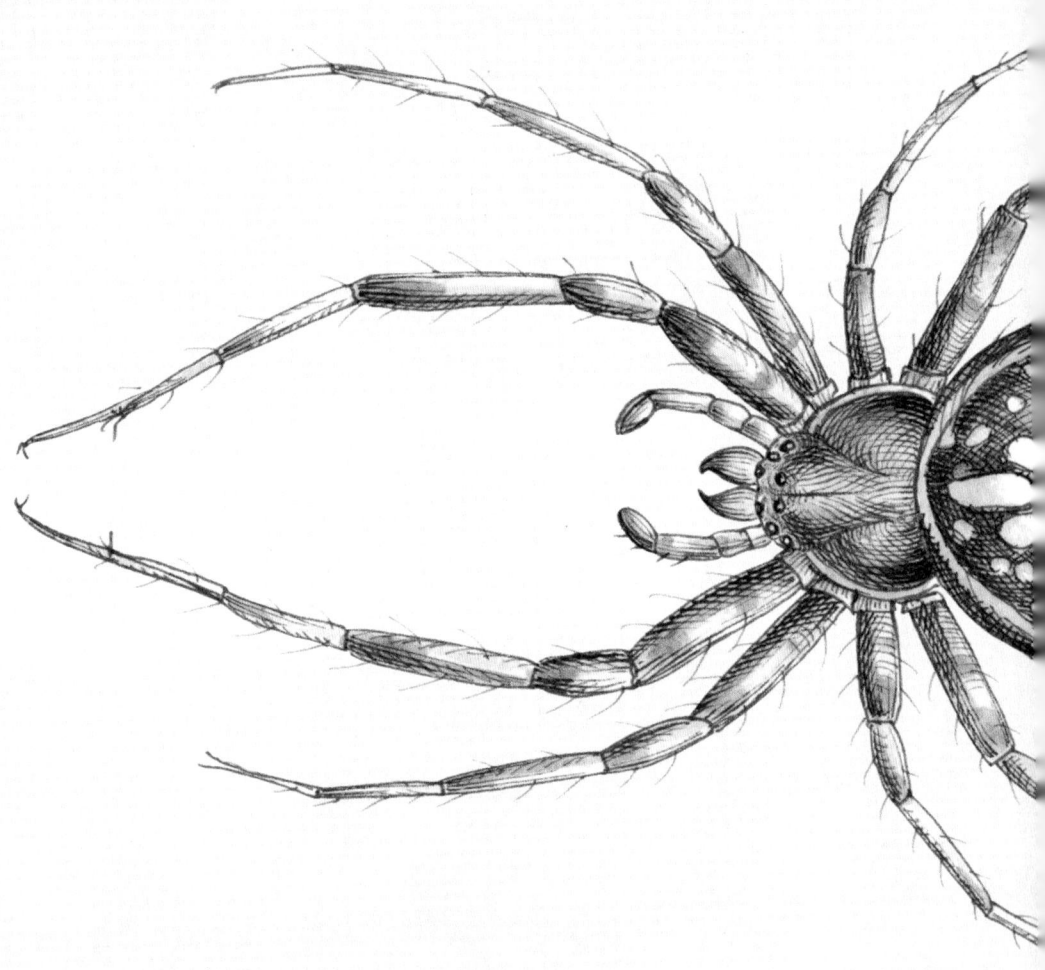

Körpergröße

Männchen 8–12 Millimeter,
Weibchen 12–20 Millimeter

Gewicht

wenige Gramm

Geschlechtsreife

im Sommer/Herbst des 2. Jahres

Lebenserwartung

etwa 18 Monate

Lebensraum

Hecken, Gebüsche und Unterholz, Brombeergestrüpp, Gärten,
Parks und Friedhöfe

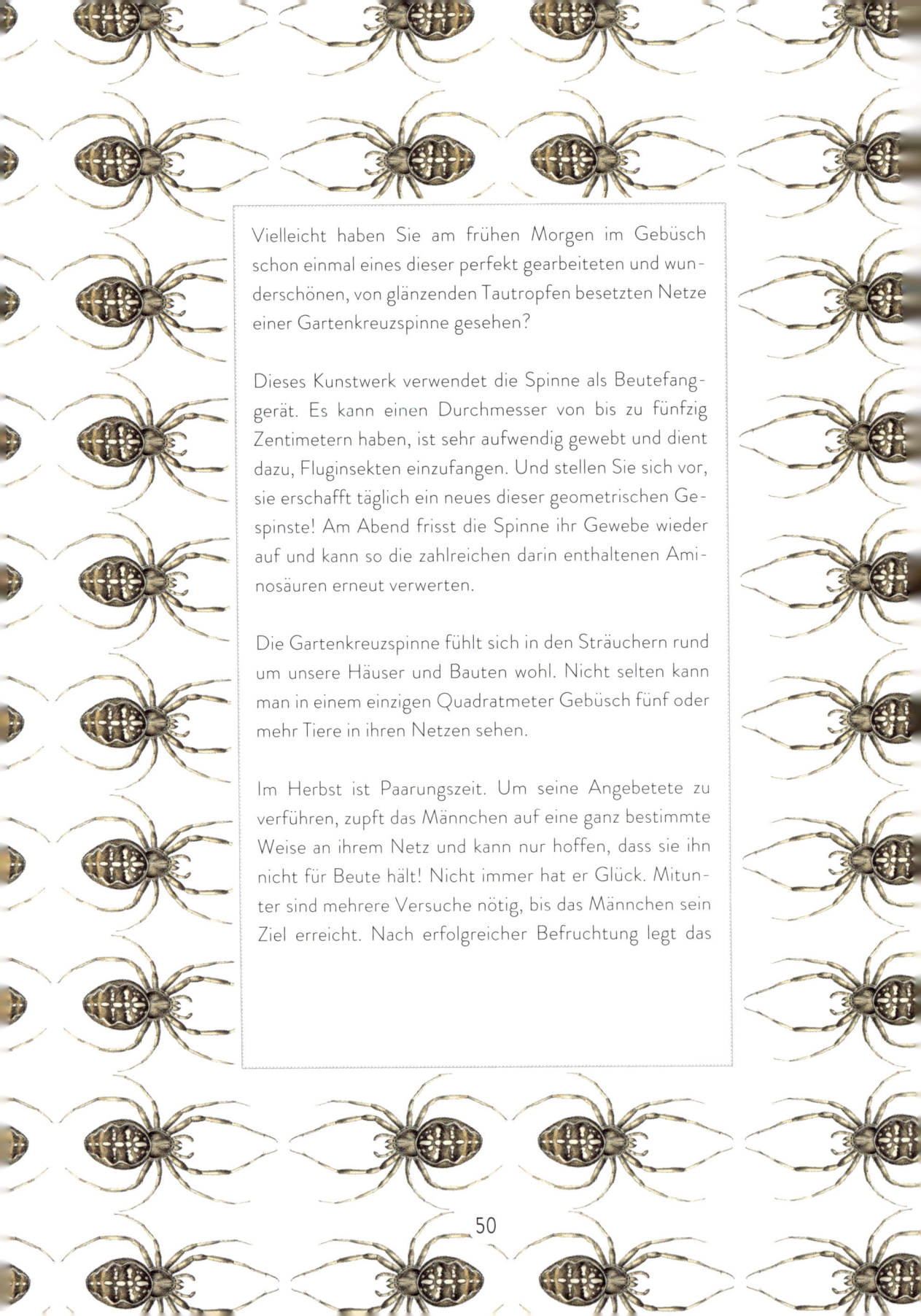

Vielleicht haben Sie am frühen Morgen im Gebüsch schon einmal eines dieser perfekt gearbeiteten und wunderschönen, von glänzenden Tautropfen besetzten Netze einer Gartenkreuzspinne gesehen?

Dieses Kunstwerk verwendet die Spinne als Beutefanggerät. Es kann einen Durchmesser von bis zu fünfzig Zentimetern haben, ist sehr aufwendig gewebt und dient dazu, Fluginsekten einzufangen. Und stellen Sie sich vor, sie erschafft täglich ein neues dieser geometrischen Gespinste! Am Abend frisst die Spinne ihr Gewebe wieder auf und kann so die zahlreichen darin enthaltenen Aminosäuren erneut verwerten.

Die Gartenkreuzspinne fühlt sich in den Sträuchern rund um unsere Häuser und Bauten wohl. Nicht selten kann man in einem einzigen Quadratmeter Gebüsch fünf oder mehr Tiere in ihren Netzen sehen.

Im Herbst ist Paarungszeit. Um seine Angebetete zu verführen, zupft das Männchen auf eine ganz bestimmte Weise an ihrem Netz und kann nur hoffen, dass sie ihn nicht für Beute hält! Nicht immer hat er Glück. Mitunter sind mehrere Versuche nötig, bis das Männchen sein Ziel erreicht. Nach erfolgreicher Befruchtung legt das

Spinnenweibchen sämtliche Eier in einem einzigen, aus besonders feinem Faden gesponnenen, kugelrunden Ko-kon ab. Von der ganzen Anstrengung ist es nun zu Tode erschöpft und stirbt bald darauf.

Das Farbkleid der Spinne variiert von Hellgrau über Man-darinorange bis hin zu Dunkelbraun – Farben, die das Tier für seine Feinde (Meisen, Amseln, Zaunkönige, Brau-nellen) unsichtbar machen.

Nur in den seltensten Fällen bekommt ein unachtsamer Mensch die schwachen Kieferklauen der Gartenkreuz-spinne zu spüren. Im Allgemeinen aber leistet uns die Spinne große Dienste, sie reduziert die Zahl der Schadin-sekten in unseren Gärten maßgeblich und hält uns Wes-pen und Mücken vom Leib, die uns ansonsten an lauen Sommerabenden ziemlich lästig würden.

Haben Sie ein Netz entdeckt und möchten gern einen Blick auf die Besitzerin werfen? Dann können Sie sie mit einem einfachen Trick hervorlocken: Bringen Sie eine Stimmgabel zum Schwingen – im Glauben, ein Beutetier habe sich im Netz verfangen, kommt die Spinne mit dem charakteristischen Kreuz auf dem Rücken im Nu hervor-geeilt.

Dreistachliger Stichling

Gasterosteus aculeatus

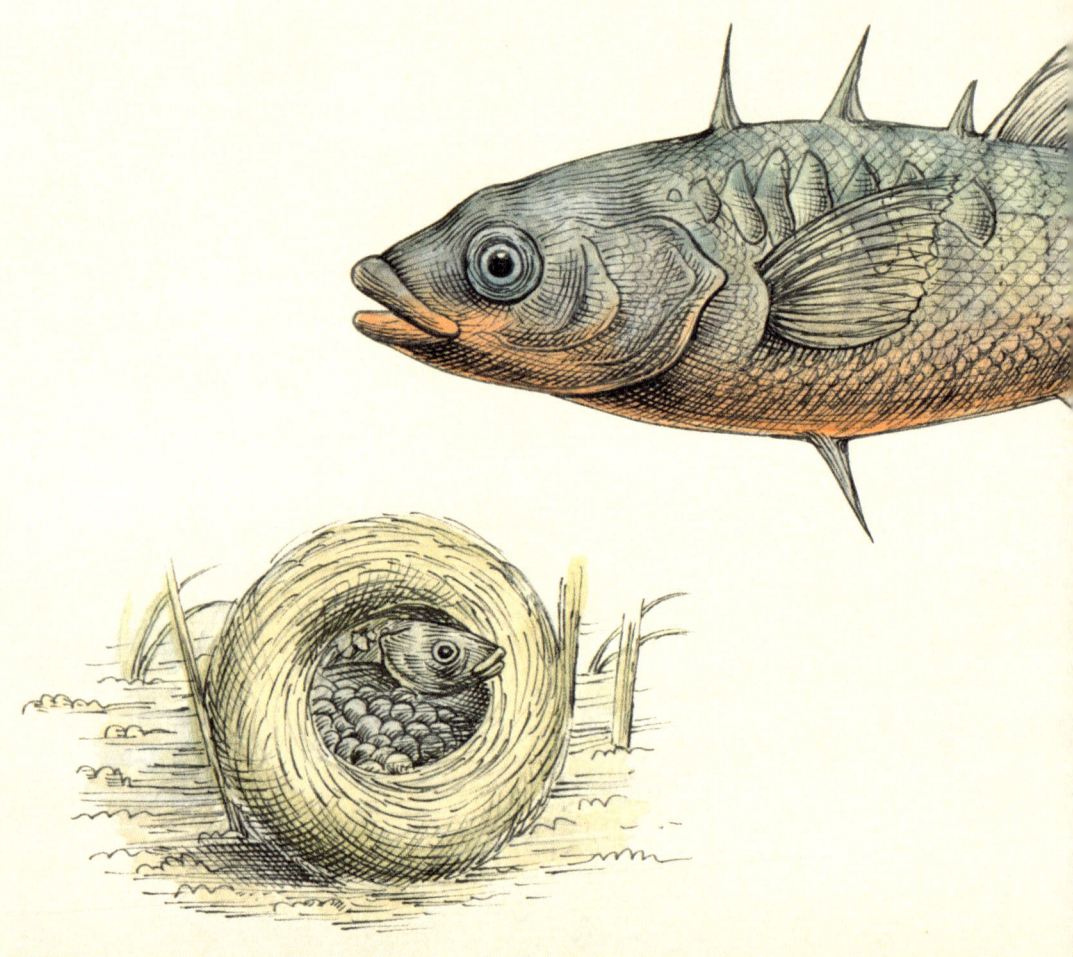

Körpergröße
4 – 11 Zentimeter

Gewicht
10 – 12 Gramm

Geschlechtsreife
mit 1 bis 2 Jahren

Lebenserwartung
4,5 Jahre

Lebensraum
Fließgewässer mit Ufervegetation, Stillgewässer mit Wasserpflanzen

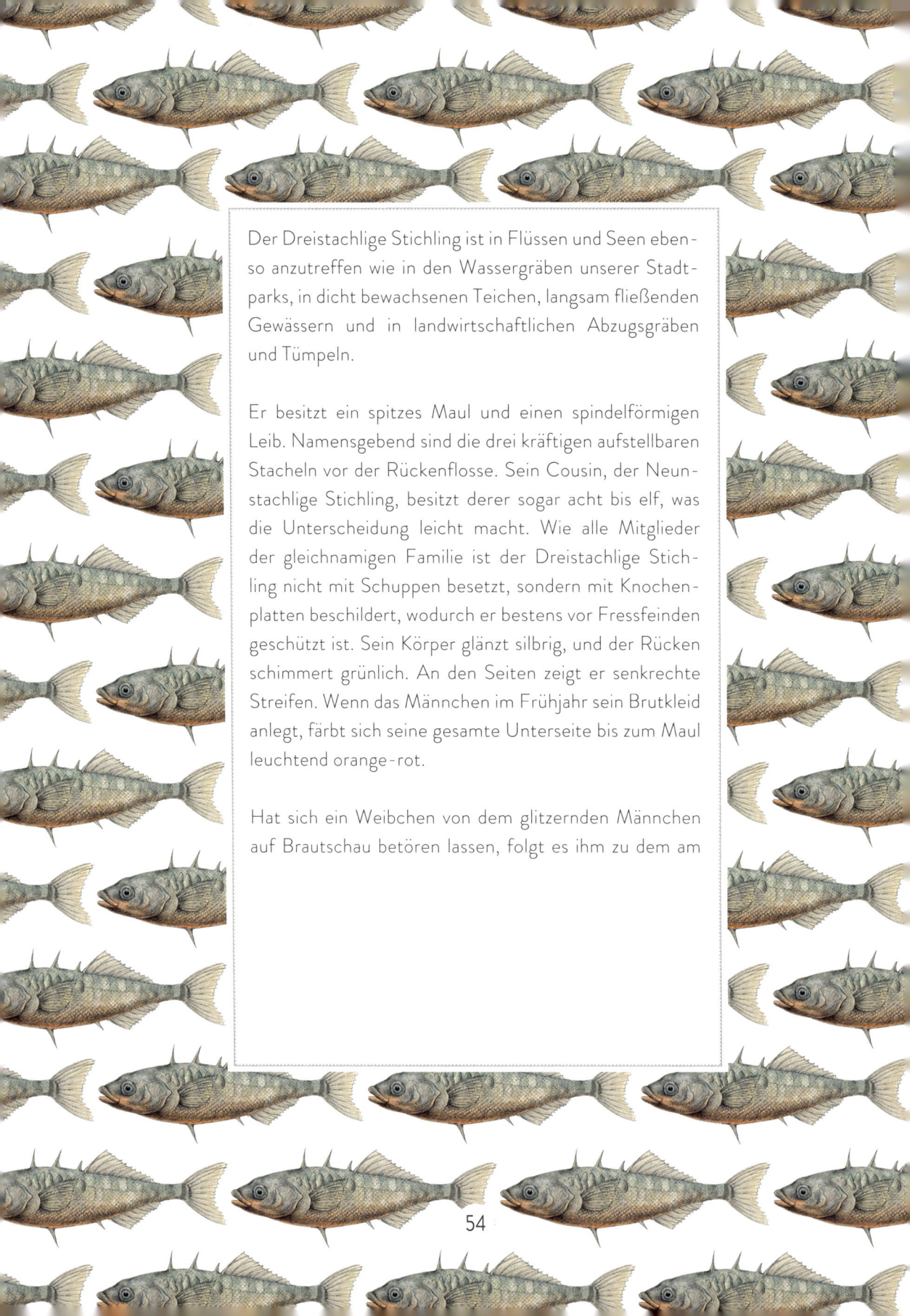

Der Dreistachlige Stichling ist in Flüssen und Seen ebenso anzutreffen wie in den Wassergräben unserer Stadtparks, in dicht bewachsenen Teichen, langsam fließenden
Gewässern und in landwirtschaftlichen Abzugsgräben
und Tümpeln.

Er besitzt ein spitzes Maul und einen spindelförmigen
Leib. Namensgebend sind die drei kräftigen aufstellbaren
Stacheln vor der Rückenflosse. Sein Cousin, der Neun-
stachlige Stichling, besitzt derer sogar acht bis elf, was
die Unterscheidung leicht macht. Wie alle Mitglieder
der gleichnamigen Familie ist der Dreistachlige Stichling nicht mit Schuppen besetzt, sondern mit Knochen-
platten beschildert, wodurch er bestens vor Fressfeinden
geschützt ist. Sein Körper glänzt silbrig, und der Rücken
schimmert grünlich. An den Seiten zeigt er senkrechte
Streifen. Wenn das Männchen im Frühjahr sein Brutkleid
anlegt, färbt sich seine gesamte Unterseite bis zum Maul
leuchtend orange-rot.

Hat sich ein Weibchen von dem glitzernden Männchen
auf Brautschau betören lassen, folgt es ihm zu dem am

Gewässergrund vorbereiteten Nest. Dieses besteht aus Pflanzenfasern, die der Stichling sorgfältig mit einem Nierensekret verklebt hat. Dorthinein lockt er ein oder auch mehrere Weibchen zum Ablaichen (ein- bis vierhundert Eier pro Weibchen). Danach übernimmt das Männchen den Schutz und die Pflege des Laichs und auch der nach vier bis sechs Tagen schlüpfenden Brut.

Ein Einzelgänger ist der Stichling nicht, er bewegt sich am liebsten im Schwarm. Obwohl der Dreistachlige Stichling eigentlich ein Süßwasserfisch ist, wagt er sich auch an die Meeresküste vor, wo er bis in drei Meter Tiefe anzutreffen ist und seinem entfernten Verwandten begegnet, dem bis zu fünfundzwanzig Zentimeter langen Seestichling *(Spinachia spinachia)*.

Auf dem Speiseplan des Dreistachligen Stichlings stehen Würmer, Krebstiere und Insektenlarven und mitunter frisst er auch kleine Fische. Fühlt er sich bedrängt, richtet er seine Rückenstacheln auf – dieses Warnsignal bringt selbst einen gefräßigen Raubfisch wie den Hecht zum Abdrehen.

Weinbergschnecke

Helix pomatia

Körpergröße

100 Millimeter bei einem Gehäuse
von 40–55 Millimeter

Gewicht

25–45 Gramm

Geschlechtsreife

mit 2 bis 3 Jahren

Lebenserwartung

8 bis 20 Jahre

Lebensraum

grüne Brachen, Ackerland, Gemüse-
und Obstgärten, Unterholz, Laubwälder, Gärten, Parks und Friedhöfe

Mit Sicherheit haben Sie schon einmal das imposant schöne Gehäuse einer Weinbergschnecke bewundert. Diese Schnecke ist, anders als ihr Name es vermuten lässt, nicht nur in Weinbaugebieten zu Hause. Sie begegnet uns in vielen städtischen Gärten und Anlagen, entlang von Gartenmauern und an feuchten Tagen auch auf gepflasterten Flächen in der Nähe von Grünstreifen.

Wie alle Schnecken ist die Weinbergschnecke ein Zwitter, was aber nicht bedeutet, dass sie sich ohne Partner vermehren kann. Treffen zwei paarungswillige Tiere aufeinander, richten sie sich – Fußsohle an Fußsohle – aneinander auf, um sich zu vereinigen. Jede stößt der anderen einen aus Kalk gebildeten Liebespfeil in den Körper, der die sexuelle Erregung des Partners steigert. Daraufhin werden die etwa einen Zentimeter großen Kopulationsorgane ausgestülpt, und es erfolgt der Austausch von Spermienpaketen. Anschließend legt jedes der beiden Tiere durch eine Öffnung, die sich vorn rechts hinter dem Kopf befindet, rund fünfzig 2,5–3 Millimeter große weiße Eier in den Boden ab. Einige Wochen später schlüpfen dann die kleinen Schnecken. Die Paarung findet vor allem in den Monaten Mai und Juni statt.

Die Weinbergschnecke ernährt sich vegetarisch, und zwar überwiegend von welken Pflanzenteilen zahlreicher krautiger Gewächse, die sie am Wegrain ebenso wie im Gemüsegarten findet. Dabei zerschabt sie die Pflanzenfasern mit ihrer harten, mit zwanzig- bis vierzigtausend Zähnchen besetzten Raspelzunge aus Chitin, die man Radula nennt.

Um sich vor dem Frost zu schützen, gräbt sich die Weinbergschnecke im Winter geschickt mit ihrem Fuß einen Bau in der Erde und verkriecht sich dann sicher in ihr Schneckenhaus.

Als bedrohte Tierart, denn sie gilt vielerorts als Delikatesse, unterliegt die Weinbergschnecke einer Verordnung, die den internationalen Handel streng reglementiert. Nach dem Washingtoner Artenschutzabkommen steht sie daher in Deutschland wie auch in Österreich und der Schweiz unter strengem Schutz. Bewundern Sie also lieber ihr prächtiges Schneckenhaus, statt sie in den Kochtopf zu werfen.

Star

Sturnus vulgaris

Körpergröße

21 Zentimeter

Flügelspannweite

31–40 Zentimeter

Gewicht

60–96 Gramm

Geschlechtsreife

beim Weibchen mit einem Jahr,
beim Männchen mit 2 Jahren

Lebenserwartung

15 Jahre

Lebensraum

Wiesen und Rasenflächen, grüne
Brachen, Ackerland, Gemüse- und
Obstgärten, Gehölze, Laubwälder,
große Bäume, Baumhöhlen, Gärten, Parks und Friedhöfe

Besitzen Sie einen Kirschbaum? Dann wissen Sie sicher, wie sehr Stare die leuchtend roten Früchte lieben. In Schwärmen fallen sie zur Reifezeit in die Obstbäume ein und stillen ihren Appetit. Aber nicht nur Früchte wie Kirschen und Mirabellen schmecken dem Star, auch Insekten und deren Larven stehen auf seinem Speiseplan. Übrigens trägt der Star im natürlichen Kreislauf zur Vermehrung der Obstbäume bei, indem er nämlich ihre Samen verteilt.

In unseren Städten fühlt er sich ebenso wohl wie auf dem Land. Was die Paarbindung betrifft, lässt er sich nicht gern festlegen: Es gibt treue Stare, die sich jahrein, jahraus in denselben Paaren zusammenfinden. Ebenso gibt es aber auch Vögel, die sich in jedem Jahr neue Partner suchen. Egal wie sie sich letztendlich zusammenschließen, der Nachwuchs kommt in jedem Fall, denn ein bis zwei Mal im Jahr legt das Starenweibchen Eier.

Im Frühjahr schmückt sich der Star mit einem glänzend schwarzen Federkleid, auf dem dicht an dicht grüne und violette Flecken schillern; dazu leuchtet sein Schnabel gelb. Im Winter kommt er weitaus dezenter daher, mit grauem Schnabel und weiß betupftem schwarzen Gefieder. Von der Drossel lässt er sich ganz einfach unterscheiden: Die Drossel hüpft, während der Star schreitet,

und im Flug zeigt die Drossel eine Flugzeugsilhouette (die Flügel wie ein T abgespreizt), während die Silhouette des Stars an einen Düsenjäger erinnert (die Flügel zeigen dreieckig nach hinten).

Der gesellige Star schließt sich liebend gern zu großen Schwärmen zusammen, die bisweilen mehrere Hundert Tiere zählen. Im Winter versammeln sie sich in den Straßenbäumen unserer Städte zu gewaltigen Schlafgemeinschaften. Die darunter parkenden Fahrzeuge zeigen davon oft deutliche Spuren. Wenn die Vögel in großer Zahl in den Himmel aufschwirren, bewegen sie sich wie ein Fischschwarm in faszinierenden, wogenden Bändern – besonders ausgeprägt dann, wenn zum Beispiel ein Baumfalke, einer ihrer Hauptfeinde, Jagd auf sie macht. In der Stadt sind Stare oftmals eine Lärmbelästigung. Der Star ist aber auch ein vortrefflicher Stimmenimitator: Er kann das Miauen einer Katze ebenso täuschend nachahmen wie den Schrei eines Mäusebussards oder das Zwitschern einer Schwalbe. Sogar Worte unserer Sprache imitiert er. Alltagsgeräusche, die Teil unserer städtischen Klangkulisse sind, fallen ebenfalls in sein Repertoire: Wenn aus einem Baum das Klingeln eines Telefons, das Dröhnen eines Presslufthammers, Hupen, Türenschlagen oder -knarren oder ein Pfiff an Ihr Ohr dringt, stehen die Chancen gut, dass ein Star der Urheber ist.

Wanderfalke

Falco peregrinus

Körpergröße

Männchen 38–46 Zentimeter,
Weibchen 46–54 Zentimeter

Flügelspannweite

Männchen 90–100 Zentimeter,
Weibchen 104–113 Zentimeter

Gewicht

Männchen 600–750 Gramm,
Weibchen 900–1300 Gramm

Geschlechtsreife

mit 2 bis 3 Jahren

Lebenserwartung

17 bis 25 Jahre

Lebensraum

Laubwald, große Bäume, Gärten,
Parks und Friedhöfe, Gebäude und
Bauten aller Art

In den meisten europäischen Metropolen – Paris, London, Brüssel, Zürich, Hamburg, Barcelona, Warschau – können wir den Wanderfalken als Brutvogel bewundern. Sein Nest baut er bevorzugt auf Häusern, die fünfzig Meter oder höher sind – denn sie ähneln den Felshängen seines natürlichen Reviers. Und so fiel es dem Wanderfalken nicht schwer, sich an unsere Wolkenkratzer und Hochhäuser anzupassen, und sogar die Schornsteine der Heizkraftwerke hat er für sich entdeckt. Aus der Höhe kann er sein weites Territorium perfekt überblicken.

Der Wanderfalke ist kräftig gebaut und stellt die größte Falkenart in unseren Breiten dar. Das um ein Drittel kleinere Männchen wird in der Falknerei als »Terzel« bezeichnet, das Weibchen als »Weib«. Charakteristisch sind sein schwarzer Kopf, gelber Hakenschnabel mit schwarzer Spitze, die schwarzen Bartstreifen, der grau gebänderte Bauch sowie – beim Altvogel – schiefergraue Flügel. Der Jungvogel trägt im ersten Lebensjahr ein deutlich brauneres Gefieder. Der Flug des Wanderfalken erinnert übrigens an das Gleiten der Schwalben.

Mit etwas Glück können wir schon im Februar über der Stadt kreisende Wanderfalkenpaare beobachten. Zwischen April und Juni folgt auf die Ablage der ein bis vier Eier das Brutgeschäft, das rund dreißig Tage beansprucht und üblicherweise vom Weibchen übernommen wird. Mit

dreißig bis vierzig Tagen verlassen die Jungen das Nest. Dieses befindet sich meist in einer Gebäudenische oder auch einem Balkenloch zum Anbringen von Baugerüsten. Manchmal brütet der Wanderfalke sogar im Nest eines Rabenvogels, denn ein großer Nestbauer ist er selbst nicht.

Wanderfalken haben Mitte des vergangenen Jahrhunderts massiv unter dem Einsatz von Pestiziden gelitten, auch Wilderei und Falknerei haben ihrer Art zu schaffen gemacht. Der Greifvogel wurde 1976 unter Schutz gestellt und wird heutzutage vielfach eingesetzt, um unerwünschte Vögel von Flugplätzen zu vertreiben oder zu pädagogischen Zwecken in Greifvogelschauen.

In unseren Städten übernimmt der Wanderfalke eine wichtige Aufgabe für das natürliche Gleichgewicht. Von seinem hohen Ansitz hat er seine Beute hervorragend im Blick. Er reduziert die Zahl der Tauben, Stare und anderer Schwarmvögel, die er im Flug erbeutet. Mitunter fängt er auch große Insekten und schlägt sogar Fledermäuse. Dabei profitiert er von seiner scharfen Sicht. Stellen Sie sich vor, eine fliegende Taube kann er aus einer Entfernung von über sechs Kilometern wahrnehmen! Im Sturzflug stößt er auf seine Beute hinab und erreicht dabei Geschwindigkeiten von bis zu 389 Stundenkilometern. Damit ist der Wanderfalke das schnellste Tier der Welt.

Steinmarder

Martes foina

Körperlänge

Männchen 43–59 Zentimeter,
Weibchen 38–47 Zentimeter

Gewicht

Männchen 1,7–2,3 Kilogramm,
Weibchen 1,1–1,3 Kilogramm

Geschlechtsreife

mit 15 bis 27 Monaten

Lebenserwartung

10 Jahre in Freiheit, 18 Jahre in
Gefangenschaft

Lebensraum

grüne Brachen, Gemüse- und
Obstgärten, Hecken, Gebüsche
und Unterholz, Brombeerge-
strüpp, Laub- und Nadelwälder,
große Bäume, Baumhöhlen,
Gärten, Parks und Friedhöfe,
Gebäude und Bauten aller Art,
Bahntunnel, Brückenbauten

Einmal war ich nachts auf dem Pariser Friedhof Père-Lachaise unterwegs, einem riesigen grünen Gelände mitten in der Stadt, um mithilfe einer Taschenlampe Nachtinsekten zu beobachten. Plötzlich tauchten zwei Marder auf. Keine zwanzig Meter entfernt von mir sprangen sie zwei Stunden lang um mich herum. Wenn ich versuchte, sie anzuleuchten, wichen sie dem Lichtstrahl meiner Taschenlampe allerdings geschickt aus. Zehn Tage später beobachtete ich zwischen den Gräbern, ebenfalls nachts, einen Marder bei der Jagd. Eine große Katze kam des Wegs und flüchtete sich bei seinem Anblick entgeistert hoch aufs Dach der nächsten Gruft. Der Marder jedoch würdigte sie kaum eines Blickes und ging weiter seiner Beschäftigung nach.

Wie es sein Name vermuten lässt, ist der Steinmarder ursprünglich in felsigem Gelände daheim. Im Laufe der Zeit aber hat er sich hervorragend an ein Leben in unseren Parks und Gärten angepasst, und auch auf unseren Dachböden, in leer stehenden Häusern oder auf Friedhöfen lässt er sich gern häuslich nieder. Da er ein sehr sauberes Tier ist, richtet er sich eine Toilettenecke ein. Wenn Sie eine solche Ecke entdecken und sich fragen, ob die Häufchen wohl von einer Katze stammen, ist die Antwort ganz einfach: Ist der Kot spiralig gedreht, hat ihn ein Mitglied der Marderfamilie (zu der auch Wiesel und Dachs gehören) dort zurückgelassen.

Von Juni bis August ist Paarungszeit. Im März/April des folgenden Jahres bringt die Fähe dann zwei bis fünf nackte, blinde Junge zur Welt.

Der Steinmarder, der auch Hausmarder genannt wird, ist nachtaktiv und ausgesprochen scheu. Auf dem Speiseplan dieses gut angepassten Allesfressers stehen nicht nur Amphibien, Vögel und ihre Eier, sondern auch Kleinsäuger wie Ratten, Mäuse und Eichhörnchen, und ebenso gern durchstöbert er unsere Mülltonnen. Im Herbst macht Fallobst bis zu achtzig Prozent seiner Nahrung aus. Gelingt es dem Marder, in einen Hühnerstall einzudringen, trinkt er dort die Eier aus und schnappt sich auch schon mal ein Huhn. Zum Durchschlüpfen genügt ihm dafür schon ein fünf Zentimeter breiter Spalt.

Den Tag verschläft der Marder gern, zum Beispiel in Garagen. Lieblingsplätze markiert er mit seinem streng riechenden Urin. Für Autobesitzer ist er ein Schrecken, denn er ist dafür bekannt, Motorkabel und -schläuche durchzubeißen.

Übrigens: Um zu erkennen, ob Sie es mit einem Stein- oder einem Baummarder zu tun haben, hilft ein Blick auf den Kehlfleck. Der des Steinmarders ist weiß und kann sich bis auf die Vorderbeine erstrecken, der des in der Stadt sehr selten anzutreffenden Baummarders ist hingegen gelblich braun und kennzeichnet wirklich nur den Bereich der Kehle.

Hornisse

Vespa crabro

Körpergröße

Königin bis 35 Millimeter, Arbeiterin 18 – 25 Millimeter, Drohne 21 – 28 Millimeter

Flügelspannweite

Arbeiterin 30 – 40 Millimeter, Königin 56 – 67 Millimeter

Gewicht

im Herbst: Arbeiterin 150 – 450 Milligramm, Jungkönigin 600 – 800 Milligramm

Geschlechtsreife

mit 5 bis 6 Monaten

Lebenserwartung

Arbeiterin 3 bis 4 Wochen, Königin 11 Monate

Lebensraum

grüne Brachen, Ackerland, Gemuse- und Obstgärten, Hecken, Gebüsche und Unterholz, Brombeergestrüpp, Laubwald, große Bäume, Baumhöhlen, Gärten, Parks und Friedhöfe

Wie andere Insekten, die einen giftigen Stachel besitzen, fällt auch die Hornisse durch ihre Warnfarben auf. Die schwarz-gelbe Zeichnung verkündet weithin: »Achtung, ich steche!« Wir Menschen werden von der Hornisse jedoch nur höchst selten angegriffen, und ihr Stich ist wesentlich harmloser, als der Volksmund glauben macht. Selbst am Picknicktisch lässt sie uns in Frieden – nur ihrem Nest sollten wir nicht zu nahe rücken.

Die Hornisse ist die größte Wespe Europas und ein friedliches Insekt. Für den Nestbau hat sie besondere Ansprüche, sie wählt dafür zum Beispiel eine Höhle in einem Straßenbaum, einen zugänglichen Dachüberstand oder auch ein unbelegtes Vogelhaus. Das Papiermaché, aus dem sie dann das eigentliche Nest baut, entsteht aus Holzfasern, die sie aus Baumwunden oder von Konstruktionshölzern nagt und zu Brei zerkaut.

Jedes Jahr müssen die Kolonien neu aufgebaut werden, denn sämtliche Arbeiterinnen sterben zum Winter. Die im Spätsommer geschlüpften Jungköniginnen hingegen überleben die kalte Jahreszeit und gründen dann im Frühjahr einen neuen Staat.

Erwachsene Hornissen sind wahre Feinschmecker. Sie ernähren sich überwiegend von zuckerhaltigen Säften, am liebsten von Baumsaft. Zum Füttern der Brut aber müssen die Arbeiterinnen einer großen Hornissenkolonie täglich bis zu fünfhundert Gramm Spinnen und Insekten herbeitragen, zum Beispiel Fliegen, Mücken, Bienen, Wespen und Heuschrecken.

Gelegentlich wird diese eifrige Jägerin, die unter anderem lästige Wespen frisst, mit ihrer asiatischen Verwandten, der pelzigen *Vespa velutina* verwechselt, die vor Jahren nach Frankreich eingeschleppt wurde und sich nun auch im Süden Deutschlands ausbreitet. Sie können die beiden Arten jedoch ganz leicht voneinander unterscheiden: Die aggressivere asiatische Hornisse ist nämlich schneller unterwegs und deutlich kleiner (24–32 Millimeter die Königin, 17–26 Millimeter eine Arbeiterin) und ihr Gesicht ist orange mit einer schwarzen Stirn. Die europäische Hornisse hingegen hat ein goldgelbes Gesicht mit einer orangefarbenen Stirn. Der Rumpf der asiatischen Art ist vollständig schwarzbraun, während der unserer heimischen Hornisse rotbraun mit schwarz ist. Ein Grund besonders genau hinzusehen, wenn das nächste Mal eine Hornisse an Ihnen vorbeigebrummt kommt.

Heimchen
Hausgrille

Acheta domesticus

Körperlänge
45 Millimeter

Gewicht
wenige Gramm

Geschlechtsreife
mit 8 bis 10 Wochen

Lebenserwartung
6 bis 8 Wochen (adultes Insekt)

Lebensraum
Staudenfluren, Gebäude und Bauten
aller Art

Das Heimchen hat, um der Kälte zu entgehen, Zuflucht in unseren Städten gesucht. Nun sitzt es aber nicht, wie sein Name vielleicht vermuten lässt, mit uns bei Tisch, vielmehr treffen warme Backstuben und anheimelnd feuchtwarme U-Bahn-Schächte seinen Wohngeschmack. Lauschen Sie einmal aufmerksam, wenn Sie wieder unterirdisch in Ihrer Stadt unterwegs sind, vielleicht dringt dann sein helles Zirpen an Ihr Ohr.

Warum sucht es sich solche Plätze? Das Heimchen ist ein wechselwarmes Insekt, was bedeutet, dass es von Natur aus kaltblütig ist. Damit sein Stoffwechsel in Schwung kommt und Fortbewegung, Nahrungsaufnahme und Fortpflanzung ermöglicht, ist das Heimchen in unseren Breiten auf eine künstliche Umgebung angewiesen, die ihm zum einen ausreichend Feuchtigkeit, zum anderen aber auch Wärme garantiert.

Mit seinem charakteristischen Zirpen lockt das männliche Heimchen die Weibchen an, die äußerst hellhörig seinen Grillengesang auch aus einer Entfernung von zehn Metern wahrzunehmen vermögen. Bei einer Umgebungstemperatur von 30 Grad Celsius besitzt ein erwachsenes Weibchen eine Lebenserwartung von zwei Monaten. In dieser kurzen Zeit kommt es zu vier bis fünf Eiablagen – sage und schreibe nahezu eintausend Eier insgesamt! Der Hinterleib des Weibchens mündet in eine Legeröhre, die es ihm gestattet, die Eier zwei bis fünf Zentimeter tief in den Boden zu platzieren. Dort entwickeln sie sich bei entsprechend hohen

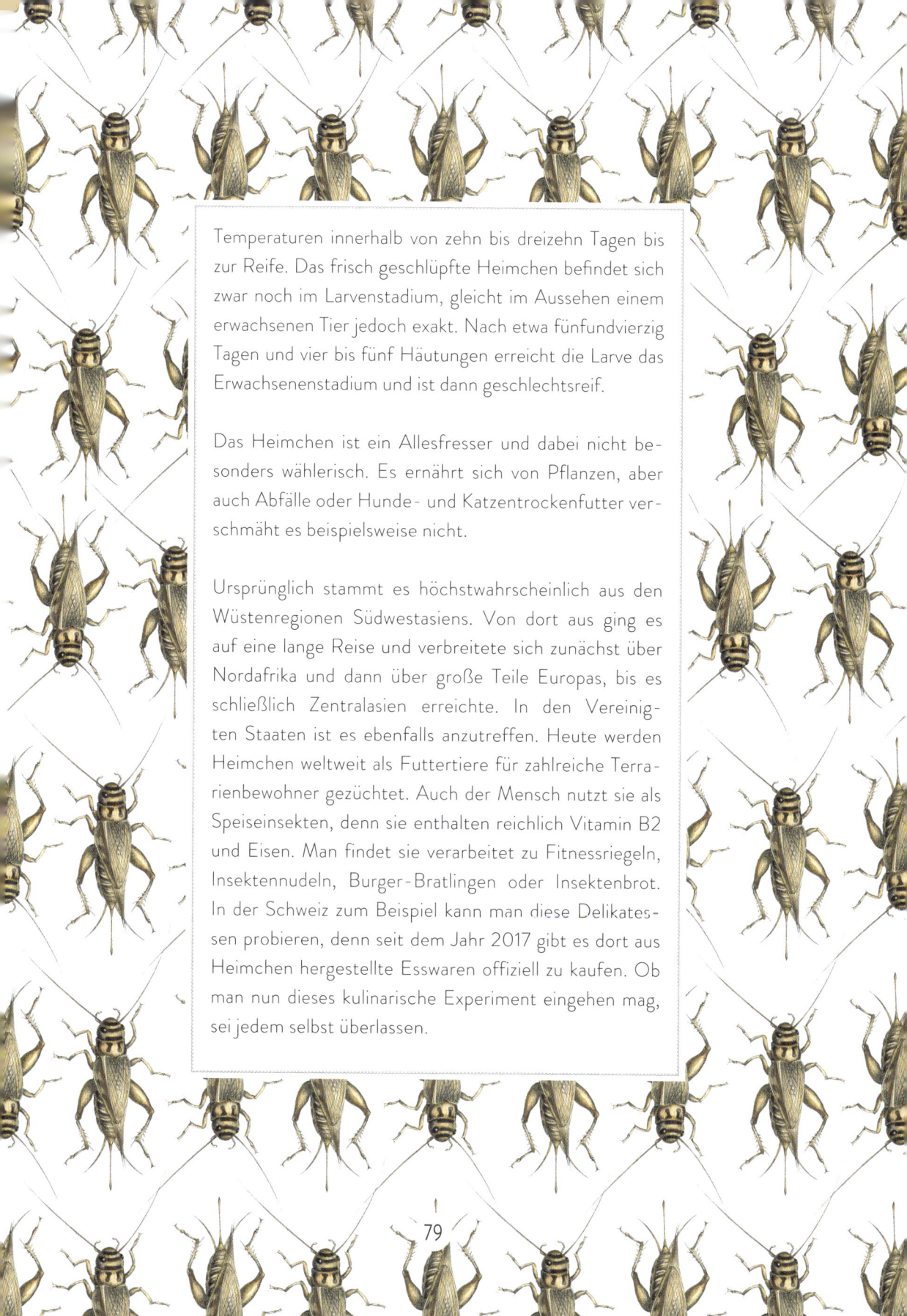

Temperaturen innerhalb von zehn bis dreizehn Tagen bis zur Reife. Das frisch geschlüpfte Heimchen befindet sich zwar noch im Larvenstadium, gleicht im Aussehen einem erwachsenen Tier jedoch exakt. Nach etwa fünfundvierzig Tagen und vier bis fünf Häutungen erreicht die Larve das Erwachsenenstadium und ist dann geschlechtsreif.

Das Heimchen ist ein Allesfresser und dabei nicht besonders wählerisch. Es ernährt sich von Pflanzen, aber auch Abfälle oder Hunde- und Katzentrockenfutter verschmäht es beispielsweise nicht.

Ursprünglich stammt es höchstwahrscheinlich aus den Wüstenregionen Südwestasiens. Von dort aus ging es auf eine lange Reise und verbreitete sich zunächst über Nordafrika und dann über große Teile Europas, bis es schließlich Zentralasien erreichte. In den Vereinigten Staaten ist es ebenfalls anzutreffen. Heute werden Heimchen weltweit als Futtertiere für zahlreiche Terrarienbewohner gezüchtet. Auch der Mensch nutzt sie als Speiseinsekten, denn sie enthalten reichlich Vitamin B2 und Eisen. Man findet sie verarbeitet zu Fitnessriegeln, Insektennudeln, Burger-Bratlingen oder Insektenbrot. In der Schweiz zum Beispiel kann man diese Delikatessen probieren, denn seit dem Jahr 2017 gibt es dort aus Heimchen hergestellte Esswaren offiziell zu kaufen. Ob man nun dieses kulinarische Experiment eingehen mag, sei jedem selbst überlassen.

Braunbrustigel

Erinaceus europaeus

Körpergröße
20–30 Zentimeter lang, 12–15 Zentimeter hoch

Gewicht
780–1200 Gramm

Geschlechtsreife
mit einem Jahr

Lebenserwartung
2 bis 3 Jahre in Freiheit, 8 bis 10 Jahre in Gefangenschaft

Lebensraum
Wiesen und Rasenflächen, grüne Brachen, Ackerland, Gemüse- und Obstgärten, Hecken, Gebüsche und Unterholz, Brombeergestrüpp, Laubwald, Gärten, Parks und Friedhöfe

Raten Sie mal, was der lateinische Gattungsname des Igels bedeutet! Genau: der Stachelige. Fünf- bis siebentausend Stacheln nämlich trägt unser Braunbrustigel zu seinem Schutz. Besonders gern lebt dieses unauffällige, dämmerungs- und nachtaktive Tier in strauchigen Grünkorridoren, denn hier kann er sich sicher bewegen, findet Unterschlupf und Nahrung. Von Mai bis Oktober ist Paarungszeit. Nach nur fünf bis sechs Wochen Tragzeit bringt Mama Igel in einem versteckten Nest aus Laub und trockenen Stängeln drei bis sieben nackte Junge zur Welt, auf deren Rücken sich in den nächsten Stunden rund hundert noch weiche, kleine Stacheln bilden.

Von November bis Ende März hält der Kleinsäuger Winterruhe. Tief und fest verschläft der Igel die kalte Jahreszeit. Seine Körpertemperatur sinkt dabei auf bis zu 4 Grad Celsius, und er reduziert sämtliche Körperfunktionen einschließlich seiner Atem- und Herzfrequenz.

Leider geraten Igel im wahrsten Sinne des Wortes regelmäßig unter die Räder. Biologen schätzen, dass alljährlich vier bis zwanzig Prozent der Igelpopulation von Autos überfahren werden. Anders als in anderen Gefahrensituationen hilft es dem Igel nämlich in diesem Fall nicht, sich zu einer Stachelkugel zusammenzurollen. Helfen wir dem Igel doch, sicher von einem Garten in den nächsten zu gelangen: Schon ein fünfzehn Quadratzentimeter

großes Loch in Zaun oder Mauer genügt ihm als Durch-
schlupf.

Sollten Sie einen Garten besitzen, freuen Sie sich über
seinen Besuch, denn er dezimiert nicht nur fleißig Insekten, sondern verspeist auch liebend gern Schnecken. Mit
seinen vorstehenden Zähnen knackt er seine Beute. Der
Igel nascht auch aus dem Fressnapf Ihres Hundes oder
Ihrer Katze und steuert diese Futterquellen nachts sogar
gezielt an.

Einer der größten Feinde des Igels ist der Fuchs, der
unsere städtischen Gärten ebenfalls durchstreift und für
den der Igel ein Leckerbissen ist. Der Fuchs weiß genau,
wo er am verwundbarsten ist und packt ihn an seinem
stachellosen, ungeschützten Bauch.

Vernehmen Sie in der Abenddämmerung oder bei Nacht
ein Rascheln im Gebüsch, stöbert dort womöglich gerade ein Igel nach Regenwürmern, um diese zu verschna-
bulieren. Manchmal sitze ich bei Einbruch der Nacht am
Waldrand, um einem röhrenden Hirsch zu lauschen oder
einen Fuchs bei der Jagd zu beobachten. Als Erstes aber
höre ich dann meist dieses vertraute Rascheln, Schnau-
fen und Niesen, das mir verrät: Nicht weit von mir durch-
wühlt ein Igel mit Schnauze und Pfoten die Streu.

Graureiher

Ardea cinerea

Körpergröße
etwa 90 Zentimeter

Flügelspannweite
175–195 Zentimeter

Gewicht
600–1200 Gramm

Geschlechtsreife
mit 2 Jahren

Lebenserwartung
25 Jahre

Lebensraum
Fließgewässer mit Ufervegetation,
Stillgewässer mit Wasserpflanzen,
Röhricht, Auwald, Parks und Gär-
ten

Der Graureiher liebt das Wasser. Stocksteif lauert er auf Beute, um dann blitzschnell mit seinem langen Schnabel zuzustoßen. Teiche und Seen, Feuchtwiesen und Fluss-läufe, in diesen Revieren ist der Graureiher gewöhnlich zu Hause. Das hält ihn jedoch nicht davon ab, in den Teichen unserer Stadtgärten Fische zu fangen und auf den Kro-nen großer Stadtbäume zu nisten. »Reiher fischen gern in Duisburger Gartenteichen«, so stand es in der Presse geschrieben.

Im Frühjahr baut er oberhalb des Laubs ein gewaltiges Nest aus Reisig und grünen Zweigen, in das das Weib-chen drei bis fünf graublaue Eier legt. Sechsundzwanzig Tage lang wird dann gebrütet, womit sich beide Partner abwechseln. Die Jungvögel verlassen mit rund fünfund-fünfzig Tagen das Nest.

Normalerweise ist der Graureiher ein sehr stiller Geselle, nur im Flug lässt er hin und wieder ein Krächzen ertönen. Vom Kranich und vom Storch kann man ihn ganz leicht unterscheiden, und zwar anhand seines S-förmig zurück-gebogenen Halses, den man besonders gut sieht, wenn er fliegt. Sein Flügelschlag mag gemächlich erscheinen, daher ist vielleicht umso erstaunlicher, dass er in der Luft eine Geschwindigkeit von knapp fünfundvierzig Kilo-metern pro Stunde erreicht.

Der wegen seiner Futtervorlieben auch Fischreiher genannte Vogel nimmt keinerlei pflanzliche Nahrung zu sich; er ernährt sich von – natürlich – Fischen, aber auch von Krebstieren, Amphibien, Reptilien, kleinen Vögeln und Kleinsäugern. Dabei lässt er sich selbst durch die Anwesenheit des Menschen nicht irritieren. In der Stadt kann man ihm nicht selten bis auf einen Meter nahe kommen. Wenn Sie einmal die Gelegenheit haben, probieren Sie es vorsichtig aus.

Aus unseren Gartenteichen stibitzt er Goldfische und Kois, die ihm durch ihre auffällige Färbung ins Auge stechen – am heimischen Teich ist also Vorsicht geboten! Kleine Beutetiere verschlingt der Reiher im Ganzen mit dem Kopf zuerst; größere Beute spießt er zunächst mit seinem langen spitzen Schnabel geschickt auf und zerteilt sie dann.

Der Graureiher gehört zu den besonders geschützten Arten, hat sich dabei aber neue Lebensräume erobert und perfekt an das Leben in der Stadt angepasst. Halten Sie also die Augen offen, wenn Sie am Uferbett der Berliner Havel oder der Zürcher Limmat entlangspazieren. Wer weiß, vielleicht gelingt es Ihnen ja, diesen majestätischen Vogel einmal dabei zu beobachten, wie er ebenso pfeilschnell wie filigran einen Fisch aufspießt?

Mehlschwalbe

Delichon urbicum

Körpergröße

14 Zentimeter

Flügelspannweite

26–29 Zentimeter

Gewicht

15–21 Gramm

Geschlechtsreife

mit einem Jahr

Lebenserwartung

15 Jahre

Lebensraum

Gärten, Parks und Friedhöfe, Gebäude und Bauten aller Art, Bahntunnel,
Brückenbauten

Ein typisches Bild für den Sommer sind tieffliegende Schwalben, die Insekten nachjagen. Die Mehlschwalbe fühlt sich wohl zwischen unseren städtischen Häuserzeilen, denn diese ähneln den Felshängen und Höhlen ihres natürlichen Lebensraums.

Sie ist ein wenig kleiner als die Rauchschwalbe, die ländliche Regionen mit Viehställen bevorzugt. Beide Schwalbenarten haben eine weiße Unterseite, doch selbst im Flug lassen sie sich problemlos unterscheiden. Denken Sie einfach an die Namen: Die Mehlschwalbe hat einen Bürzel, der weiß wie Mehl leuchtet; die Rauchschwalbe dagegen trägt einen ziegelroten Kehlfleck mit rauchschwarzer Umrandung und fällt durch ihre ebenfalls rauchschwarzen Schwanzspieße auf. Nicht verwechseln sollten Sie die Schwalbe mit den Trupps schwarzer Vögel, die laut kreischend durch unsere Straßenschluchten fegen – hier handelt es sich nämlich um Mauersegler, die aber nicht mit den Schwalben verwandt sind, sondern mit den Kolibris.

Mehlschwalben sind Zugvögel. Treu kehren sie jedes Jahr im April/Mai in unsere Städte zurück und finden sich dann in Paaren zusammen. Innerhalb von zehn bis achtzehn Tagen bauen sie unter dem Dachüberstand einer Hauswand eine Nestschale aus hunderten Lehmkügelchen, die sie aus Wasserlachen oder von nahe gelegenen seichten Ufern herbeitragen. Anders als das offene, schalenförmige Nest der Rauchschwalbe wirkt das der Mehlschwal-

be eher wie ein auf den Kopf gedrehtes Iglu. Ganz der Heimwerker versteht sich die Mehlschwalbe darauf, vorjährige Nester auszubessern und erneut zu bewohnen. Im Durchschnitt legen Schwalben drei bis fünf weiße Eier, die die Eltern abwechselnd ausbrüten. Die Jungvögel schlüpfen innerhalb von vierzehn Tagen und wagen bereits im zarten Alter von drei Wochen ihren ersten Flug.

Gewiss haben auch Sie schon einmal gesehen, wie sich die Mehlschwalben im September und Oktober in großer Zahl auf Stromleitungen versammeln, um dann gemeinsam in ihre afrikanischen Winterquartiere südlich der Sahara zu ziehen. Auch im Röhricht sammeln sich die Schwalben übrigens, und schon oft hat man beobachtet, wie sie dann eines Morgens ganz unverhofft verschwunden und zu ihrer weiten Reise aufgebrochen sind. Lange hielt sich deshalb bei den alten Griechen die Legende, dass die plötzlich entschwundenen Vögel den Winter im Schlamm der Gewässer verschlafen.

Die Mehlschwalbe zählt zu den geschützten Arten und ernährt sich von Insekten, die sie im Flug fängt. In Zeiten, da die Vögel aufgrund der Klimaveränderungen jedes Jahr früher bei uns eintreffen, ist dies ein Problem: Häufig sind noch nicht genügend Insekten unterwegs. Wir können die Mehlschwalbe, die aufgrund unserer zugepflasterten Wege kaum noch Lehm zum Nestbau findet, durch Nisthilfen unterstützen. Auf gar keinen Fall sollten bestehende Nester von Häuserwänden abgeschlagen werden.

Großes Glühwürmchen

Lampyris noctiluca

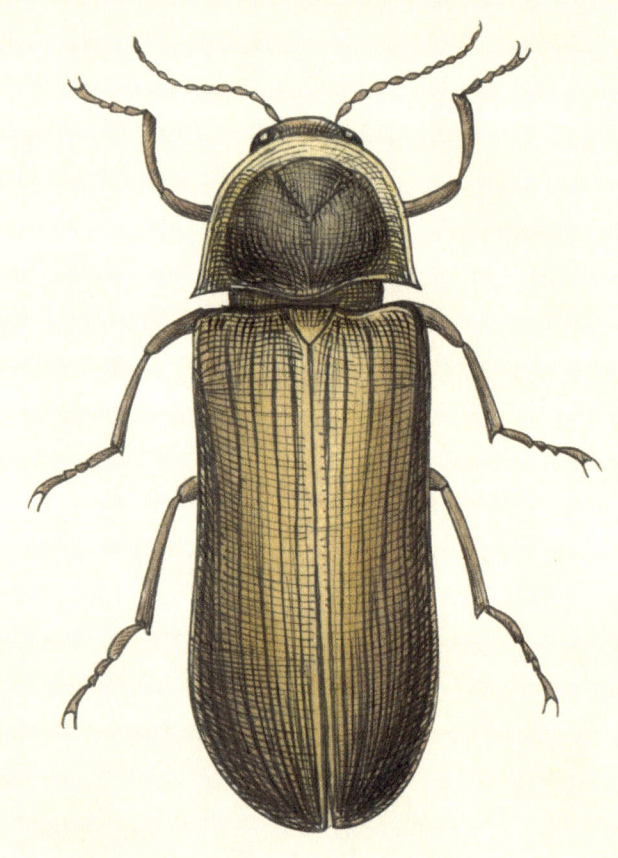

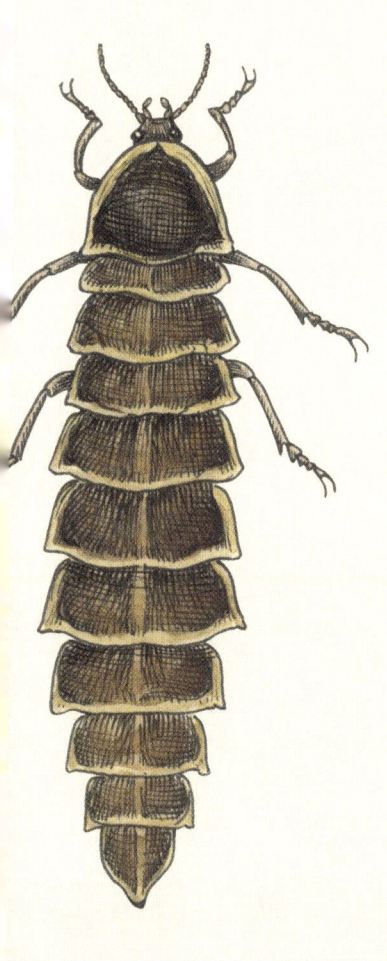

Körpergröße
Männchen 10–16 Millimeter, Weibchen 12–23 Millimeter

Flügelspannweite
Männchen 15–18 Millimeter, Weibchen gänzlich ungeflügelt

Geschlechtsreife
mit 1 bis 3 Jahren

Lebenserwartung
1 bis 3 Jahre als Larve, 1 Monat als Käfer

Lebensraum
Staudenfluren, Wiesen und Rasenflächen, grüne Brachen, Ackerland, Gemüse- und Obstgärten, Hecken, Gebüsche und Unterholz, Brombeergestrüpp, Laubwald, Gärten, Parks und Friedhöfe

Schon als Kind begeisterten mich Glühwürmchen mit ihrer Leuchtkraft. Einmal sammelte ich ein Dutzend Weibchen, sperrte sie in ein Weckglas und stellte sie auf meinen Nachttisch, um bei ihrem Licht ein Buch zu lesen. Die Mühe hätte ich mir sparen können, denn das Leuchten war viel zu schwach. Tatsächlich sind sechstausend Weibchen nötig, um die Lichtstärke einer gewöhnlichen Haushaltskerze zu erreichen.

Ob im privaten Garten, in großen Parkanlagen oder im Stadtwald – wo das Glühwürmchen in der Nacht auftaucht, sorgt es bei Groß und Klein für helle Begeisterung. Nachdem sich die Larven bis zu drei Jahre von Schnecken ernährt haben, schlüpfen nach kurzer Verpuppungszeit die kurzlebigen Käfer, die passenderweise auch Große Leuchtkäfer genannt werden.

Von Mai bis August haben wir die Chance, die kleinen Laternchenträger beim leuchtstarken Auftakt zu ihrem Liebesspiel zu beobachten. Fliegen kann nur der männliche Käfer, denn nur er verfügt über Flügel. Doch auch das gänzlich flügellose Weibchen – der »Glühwurm« – besitzt die Fähigkeit zu leuchten: Die letzten beiden Segmente seines Hinterleibs verströmen gleichmäßige grünliche Lichtsignale. Damit lockt es potenzielle Paarungspartner

an, die auf der Suche nach ihrer »Flamme« mit großen Augen durch die Nacht unterwegs sind. Nimmt das an einem erhöhten Platz sitzende Weibchen über sich das Licht eines Männchens wahr, verstärkt es seine Leuchtbotschaft, um auf sich aufmerksam zu machen. Zwischen den beiden beginnt ein Austausch durch Leuchtzeichen, bis das Männchen schließlich glücklich beim Weibchen gelandet ist.

Das erzeugte Licht ist ein sogenanntes »kaltes« Licht, das von Grün über Blaugrün bis Rot schwankt. Am Unterteil des Hinterleibs hat der Käfer weiße Bereiche, an denen der Panzer rau und für Licht durchlässig ist. Im Inneren liegt eine weiße Schicht, die das Licht dann reflektiert.

Alle Angehörigen der Familie der Leuchtkäfer (Lampyridae) leuchten in sämtlichen Entwicklungsstadien, die Eier und Larven ebenso wie die Puppen und die Käfer. Dennoch besteht der Zweck dieses Leuchtens offenbar einzig darin, die voll entwickelten Käfer in der dunklen Nacht zueinander zu führen, damit sie sich paaren und vermehren können.

Und wo werden Sie Ihr nächstes Glühwürmchen leuchten sehen?

Mauereidechse

Podarcis muralis

Körpergröße

25 Zentimeter, davon ⅔ Schwanz

Gewicht

9 Gramm

Geschlechtsreife

mit einem Jahr

Lebenserwartung

7 Jahre

Lebensraum

Schotterhänge und Bahnböschungen, Mauerspalten, frei stehende Skulpturen, Gärten, Parks und Friedhöfe

Wen fasziniert diese kleine, hübsch gezeichnete Echse nicht, die an sonnigen Plätzen still verharrt, um bei
der geringsten Störung blitzartig in der nächsten, viel
zu schmal erscheinenden Ritze zu verschwinden. Dieser
Leichtfüßigkeit verdankt sie übrigens auch ihren lateini-
schen Namen – der griechische Held Podarkes, Sohn
des Iphiklos, Bruder des sagenhaft starken Herkules,
trägt den Beinamen der Schnellfüßige. Und auf ihn geht
der wissenschaftliche Name *Podarcis muralis* zurück.

Die Mauereidechse ist an vielen Orten zu Hause – an
alten Steinmauern ebenso wie an Bahnböschungen, am
blanken Fels und an Schotterhängen. Nachdem sich im
Frühjahr die Partner gefunden haben, produziert das
Weibchen von April bis Juni zwei oder drei Gelege von
jeweils zwei bis neun weißen Eiern, die es an einem gut
versteckten Ort ablegt.

Wie alle Echsen ist auch die Mauereidechse wechsel-
warm, was bedeutet, dass ihre Körpertemperatur von der
Umgebungstemperatur abhängt. Daher können wir sie an
weniger heißen Tagen beim ausgiebigen Sonnenbad er-
tappen, denn nur so kommt sie richtig auf Touren.

Der flinke Beutegreifer lässt sich vor allem Spinnen
schmecken, macht aber auch Jagd auf alle anderen Insekten, die nicht schnell genug die Flucht ergreifen. Das
»Jagdgebiet« der Eidechse kann dabei von drei bis zu

fünfzig Quadratmeter umfassen. Beobachten Sie sie einmal ganz in Ruhe an einer Mauer: Hier eine Fliege, da ein Käferchen – schneller, als man gucken kann, ist die Minimahlzeit in ihrem Maul verschwunden. Und doch scheint sich die Mauereidechse nicht gänzlich auf Lebendfutter zu beschränken – auch die Beeren von Holunder, Maulbeerbaum und Eibe lässt sie sich schmecken.

Die in Deutschland unter strengem Schutz stehende Art liebt bewachsene Natursteinmauern mit offenen Fugen und Spalten. Ihren Standort verschiebt die Eidechse über den Zeitraum von einem Jahr, allerhöchstens um sechzig bis achtzig Meter. Wie alle Echten Eidechsen hat die Mauereidechse eine ungewöhnliche Eigenschaft: Wird sie angegriffen, zum Beispiel von einer Katze, kann sie ihren Schwanz abwerfen und ihrem Jäger geschickt entkommen. Der Schwanz windet sich noch eine Weile in den Tatzen des Jägers, während die Echse sich unbemerkt davonmacht. Aber bitte, stellen Sie einer Mauereidechse niemals nach, um diese Selbstrettung auszuprobieren. Der Schwanz wächst zwar nach, aber kleiner und nur ein einziges Mal!

Seit Langem schon ist die Mauereidechse in unseren Städten eingebürgert. Ein besonders großes Vorkommen gibt es übrigens am Zürcher Hauptbahnhof. Und haben Sie noch in Erinnerung, dass für den Neubau des Stuttgarter Hauptbahnhofs ein Millionenbetrag allein für die Umsiedlung von Mauereidechsen benötigt wurde?

Gemeiner Regenwurm

Lumbricus terrestris

Körpergröße

bis 15 Zentimeter

Gewicht

2–14 Gramm

Geschlechtsreife

mit 3 bis 9 Monaten

Lebenserwartung

4 bis 8 Jahre

Lebensraum

Staudenfluren, Wiesen und Rasenflächen, grüne Brachen, Ackerland,
Gemüse- und Obstgärten, Gehölze, Laub- und Nadelwälder, Gärten,
Parks und Friedhöfe; lebt unterirdisch

Auch Sie haben doch sicher schon einmal einen sich windenden Regenwurm in den Fingern gehalten. In riesiger Anzahl bewohnt er unsere humusreichen Böden und belüftet dort unermüdlich die oberen Erdschichten. Schätzungsweise drei Millionen Regenwürmer sollen sich auf einem halben Hektar Gartenfläche tummeln, wobei ein Gesamtgewicht von unglaublichen 625 Kilogramm zusammenkommt.

Jahr für Jahr wühlen die Regenwürmer auf einer Fläche dieser Größe acht bis achtzehn Tonnen Erde um. Wunderbare Dienste tun sie uns damit, denn mit jedem Pflanzenrest, den ein Regenwurm in den Boden zieht und verdaut, erhöht er die Bodenfruchtbarkeit. Dabei gehen große Erdmengen durch seinen Verdauungstrakt und werden als Kotkringel – Erdhäufchen, die selbst wie ein Wurm aussehen – an die Oberfläche befördert. Der englische Naturforscher Charles Darwin schätzte, dass unsere Regenwürmer auf diese Weise auf jedem Hektar Ackerland pro Jahr wenigstens vier Tonnen nährstoffreiche Erde an die Oberfläche bringen.

Der Regenwurm ist ein Zwitter, das heißt, jedes Tier ist weiblich und männlich zugleich. Zur Fortpflanzung ist dennoch eine Paarung nötig. Den geschlechtsreifen Wurm erkennen Sie an seinem hellen, erhabenen Gürtel

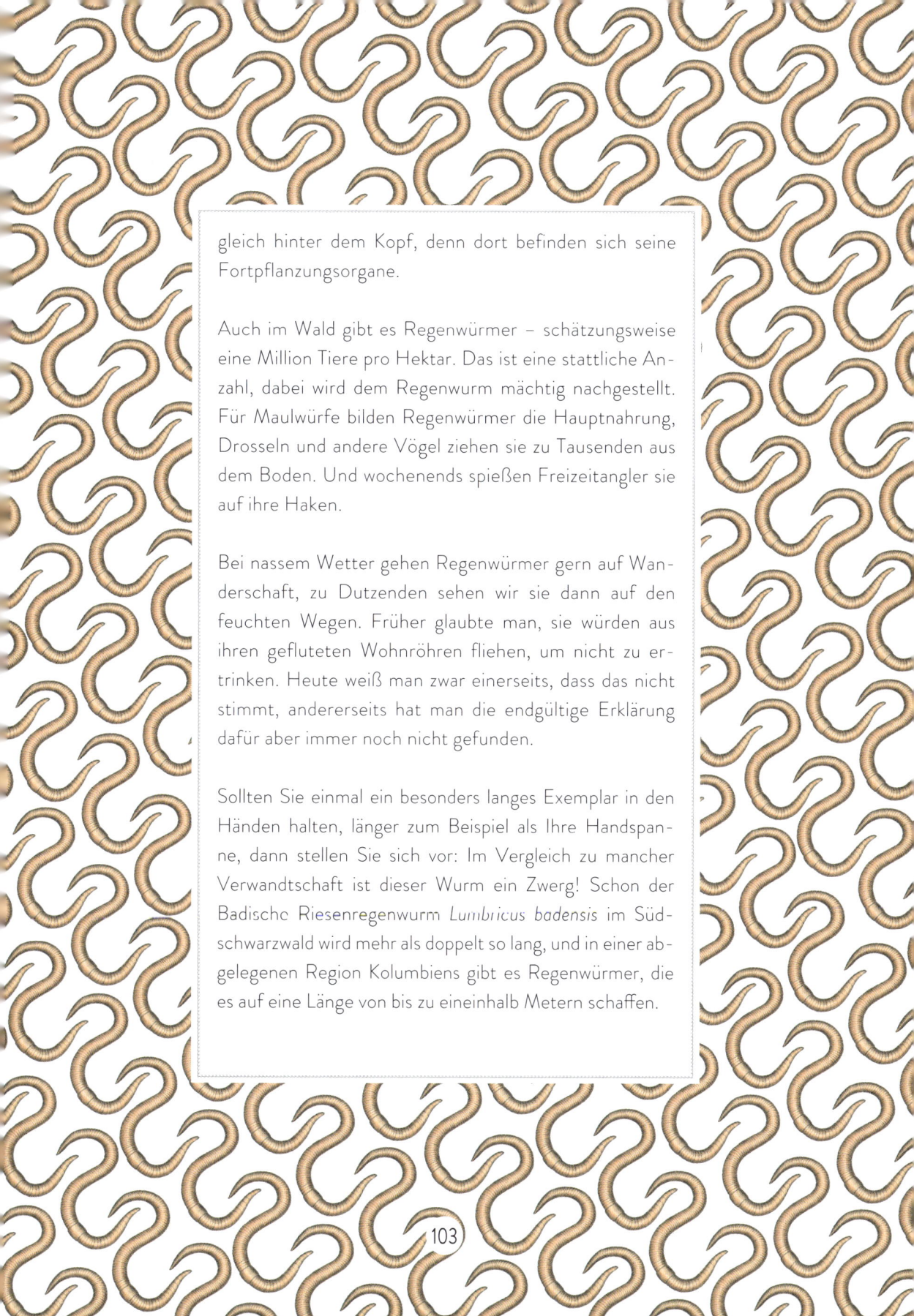

gleich hinter dem Kopf, denn dort befinden sich seine Fortpflanzungsorgane.

Auch im Wald gibt es Regenwürmer – schätzungsweise eine Million Tiere pro Hektar. Das ist eine stattliche Anzahl, dabei wird dem Regenwurm mächtig nachgestellt. Für Maulwürfe bilden Regenwürmer die Hauptnahrung, Drosseln und andere Vögel ziehen sie zu Tausenden aus dem Boden. Und wochenends spießen Freizeitangler sie auf ihre Haken.

Bei nassem Wetter gehen Regenwürmer gern auf Wanderschaft, zu Dutzenden sehen wir sie dann auf den feuchten Wegen. Früher glaubte man, sie würden aus ihren gefluteten Wohnröhren fliehen, um nicht zu ertrinken. Heute weiß man zwar einerseits, dass das nicht stimmt, andererseits hat man die endgültige Erklärung dafür aber immer noch nicht gefunden.

Sollten Sie einmal ein besonders langes Exemplar in den Händen halten, länger zum Beispiel als Ihre Handspanne, dann stellen Sie sich vor: Im Vergleich zu mancher Verwandtschaft ist dieser Wurm ein Zwerg! Schon der Badische Riesenregenwurm *Lumbricus badensis* im Südschwarzwald wird mehr als doppelt so lang, und in einer abgelegenen Region Kolumbiens gibt es Regenwürmer, die es auf eine Länge von bis zu eineinhalb Metern schaffen.

103

Hirschkäfer

Lucanus cervus

Körpergröße

männlicher Käfer 32–85 Millimeter,
weiblicher Käfer 20–50 Millimeter

Gewicht

bis zu 3 Gramm

Geschlechtsreife

mit etwa 120 Tagen nach unterirdi-
schem Schlupf

Lebenserwartung

Gesamtlebenszyklus 3 bis 6 Jahre, davon oberirdisch als Käfer rund 1 Monat

Lebensraum

Hecken, Gebüsche und Unterholz,
Brombeergestrüpp, Laubwälder, große Bäume, Gärten, Parks und Friedhöfe

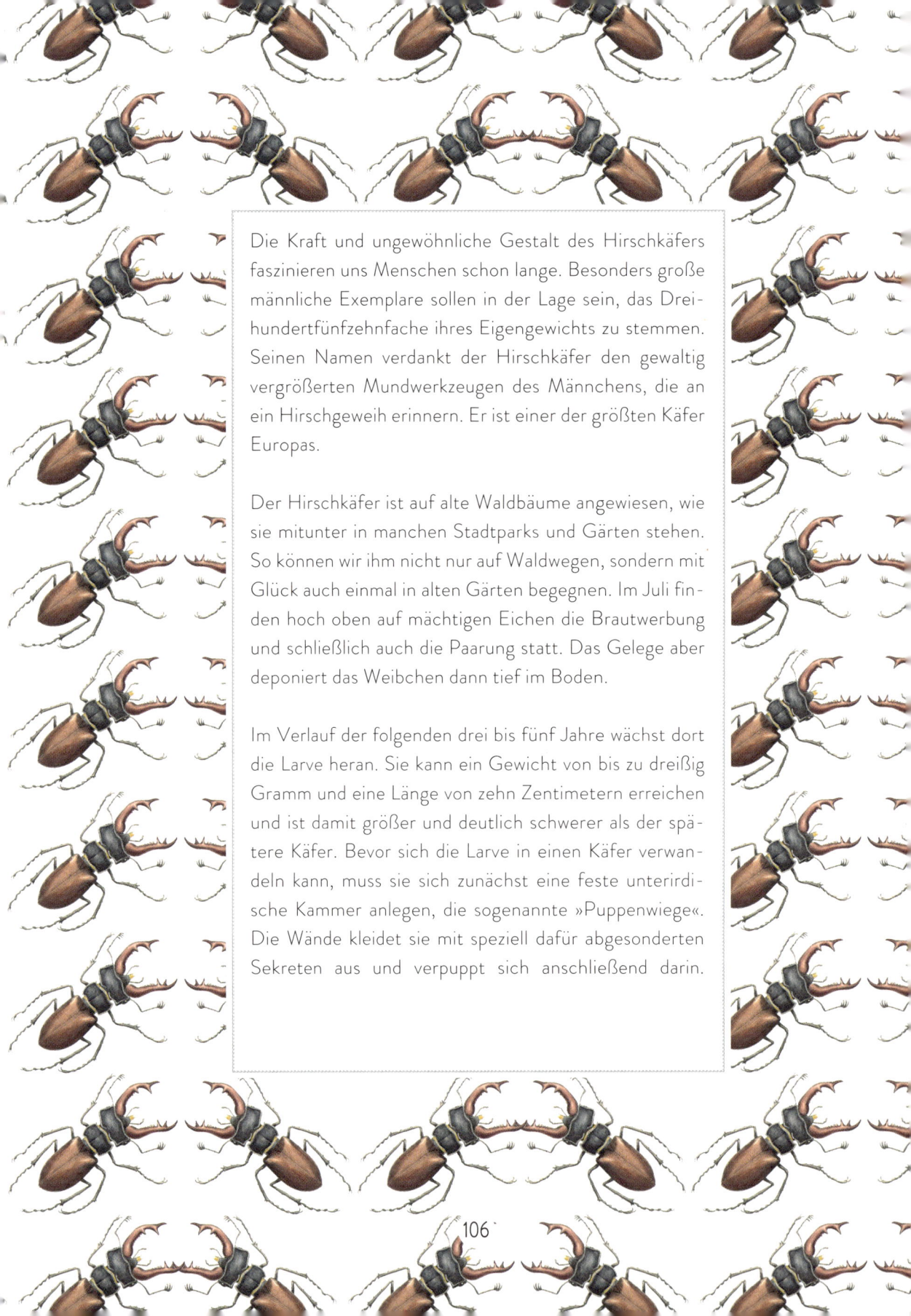

Die Kraft und ungewöhnliche Gestalt des Hirschkäfers faszinieren uns Menschen schon lange. Besonders große männliche Exemplare sollen in der Lage sein, das Dreihundertfünfzehnfache ihres Eigengewichts zu stemmen. Seinen Namen verdankt der Hirschkäfer den gewaltig vergrößerten Mundwerkzeugen des Männchens, die an ein Hirschgeweih erinnern. Er ist einer der größten Käfer Europas.

Der Hirschkäfer ist auf alte Waldbäume angewiesen, wie sie mitunter in manchen Stadtparks und Gärten stehen. So können wir ihm nicht nur auf Waldwegen, sondern mit Glück auch einmal in alten Gärten begegnen. Im Juli finden hoch oben auf mächtigen Eichen die Brautwerbung und schließlich auch die Paarung statt. Das Gelege aber deponiert das Weibchen dann tief im Boden.

Im Verlauf der folgenden drei bis fünf Jahre wächst dort die Larve heran. Sie kann ein Gewicht von bis zu dreißig Gramm und eine Länge von zehn Zentimetern erreichen und ist damit größer und deutlich schwerer als der spätere Käfer. Bevor sich die Larve in einen Käfer verwandeln kann, muss sie sich zunächst eine feste unterirdische Kammer anlegen, die sogenannte »Puppenwiege«. Die Wände kleidet sie mit speziell dafür abgesonderten Sekreten aus und verpuppt sich anschließend darin.

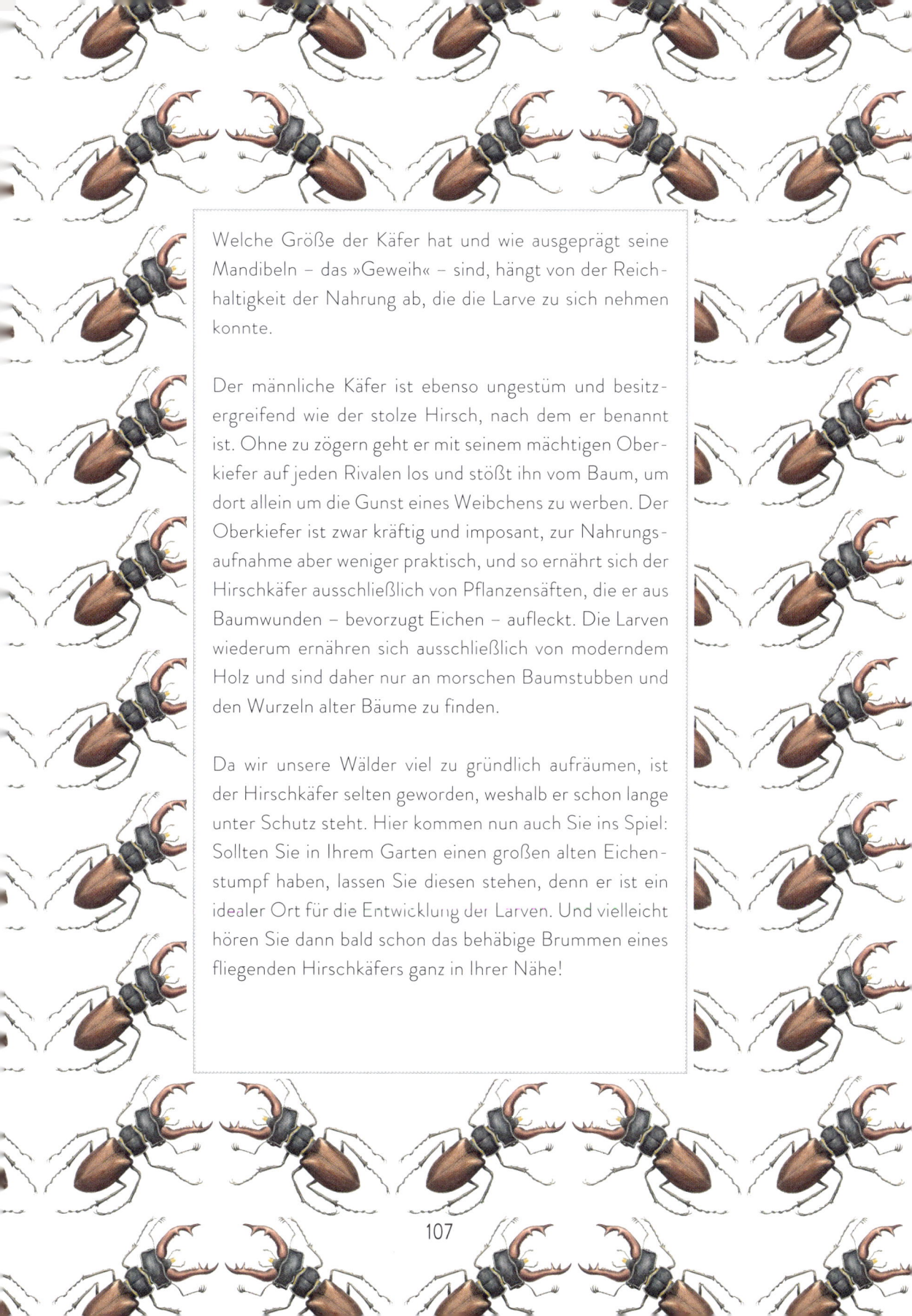

Welche Größe der Käfer hat und wie ausgeprägt seine Mandibeln – das »Geweih« – sind, hängt von der Reichhaltigkeit der Nahrung ab, die die Larve zu sich nehmen konnte.

Der männliche Käfer ist ebenso ungestüm und besitzergreifend wie der stolze Hirsch, nach dem er benannt ist. Ohne zu zögern geht er mit seinem mächtigen Oberkiefer auf jeden Rivalen los und stößt ihn vom Baum, um dort allein um die Gunst eines Weibchens zu werben. Der Oberkiefer ist zwar kräftig und imposant, zur Nahrungsaufnahme aber weniger praktisch, und so ernährt sich der Hirschkäfer ausschließlich von Pflanzensäften, die er aus Baumwunden – bevorzugt Eichen – aufleckt. Die Larven wiederum ernähren sich ausschließlich von moderndem Holz und sind daher nur an morschen Baumstubben und den Wurzeln alter Bäume zu finden.

Da wir unsere Wälder viel zu gründlich aufräumen, ist der Hirschkäfer selten geworden, weshalb er schon lange unter Schutz steht. Hier kommen nun auch Sie ins Spiel: Sollten Sie in Ihrem Garten einen großen alten Eichenstumpf haben, lassen Sie diesen stehen, denn er ist ein idealer Ort für die Entwicklung der Larven. Und vielleicht hören Sie dann bald schon das behäbige Brummen eines fliegenden Hirschkäfers ganz in Ihrer Nähe!

Eisvogel

Alcedo atthis

Körpergröße

16 Zentimeter

Flügelspannweite

24–28 Zentimeter

Gewicht

30–45 Gramm

Geschlechtsreife

mit einem Jahr

Lebenserwartung

3 Jahre

Lebensraum

Fließgewässer mit Ufervegetation, Stillgewässer mit Wasserpflanzen, Röhricht,
Auwälder, Parks und Gärten

In Lothringen erzählt man folgende Legende: Nachdem Noah eine Taube ausgesandt hatte, um nach festem Land zu suchen, schickte er auch einen Eisvogel aus. Dieser war damals noch vollkommen grau. Ein starker Wind ergriff den Vogel und trug ihn hoch hinauf in den Himmel, wo das Himmelsblau auf ihn abfärbte und die Sonne sein Bauchgefieder in rote Glut tauchte. Hell lodernd stürzte der Vogel sich ins Meer und löschte sein wunderschönes Gefieder. Die Arche Noah aber suchte er vergebens. Noch immer schreit er deshalb aus vollem Halse nach seinem Beschützer – vergeblich.

Wenn wir den scheuen Eisvogel antreffen, dann an stehenden und fließenden Gewässern. Sogar mitten in der Stadt kann man Glück haben und an einem Flusslauf einen Blick auf ihn erhaschen. Zwei Dinge benötigt dieser blitzschnelle Fischer vor allem: ausreichend Sitzwarten wie Äste und Pfähle und dazu sehr klares Wasser, damit er seine Beute gut sehen kann. Mit einer Geschwindigkeit von bis zu fünfundvierzig Kilometern pro Stunde schießt der »fliegende Edelstein« über die Wasseroberfläche.

Das Weibchen trägt bei dieser Vogelart ungewöhnlicherweise das buntere Federkleid, zudem hat es zum grauen Oberschnabel einen leuchtend roten Unterschnabel. Der Schnabel des Männchens hingegen ist vollständig grau. Während der Balz bringt der Eisvogel seiner Angebeteten immer wieder kleine Geschenke, besonders gut kommen

zappelnde Fischlein an. Zum Brüten gräbt das Vogelpaar in sandigen bis lehmigen Steilufern eine höhlenartige Brutröhre, die bis zu einen Meter tief in den Hang hineinreicht.

Die Brutzeit fällt zwischen Ende März und Ende August. Zwei bis drei Mal im Jahr legt das Weibchen jeweils sechs bis sieben Eier. Nach vierundzwanzig bis siebenundzwanzig Tagen schlüpfen die Jungen und werden dann drei bis vier Wochen von den Eltern gefüttert. Kaum sind sie flügge, werden sie auch schon von den Altvögeln vertrieben, die sich umgehend an die Aufzucht der nächsten Brut machen.

Der Eisvogel ist stets wachsam und sehr scheu, schon die geringste Störung vertreibt ihn von seinem Nest. Blitzschnell fliegt er davon und harrt dann in sicherem Abstand auf einem weit entfernten Ausguck aus, bis die drohende Gefahr vorübergezogen ist.

Er ernährt sich vor allem von Fischen, Kaulquappen und Fröschen, manchmal aber auch von Krebstieren, Schmetterlingen und sogar Libellen. Zum Jagen stürzt er senkrecht ins Wasser und packt seine Beute mit dem Schnabel. Fische verschluckt er übrigens mit dem Kopf voran, damit sich die Schuppen nicht im Hals querstellen.

Der Eisvogel steht unter Schutz, und wie selten er inzwischen ist, zeigen die Zahlen: Der Brutbestand wird für Deutschland nur noch auf 5600–8000 Paare geschätzt.

Süßwasser-qualle

Craspedacusta sowerbyi

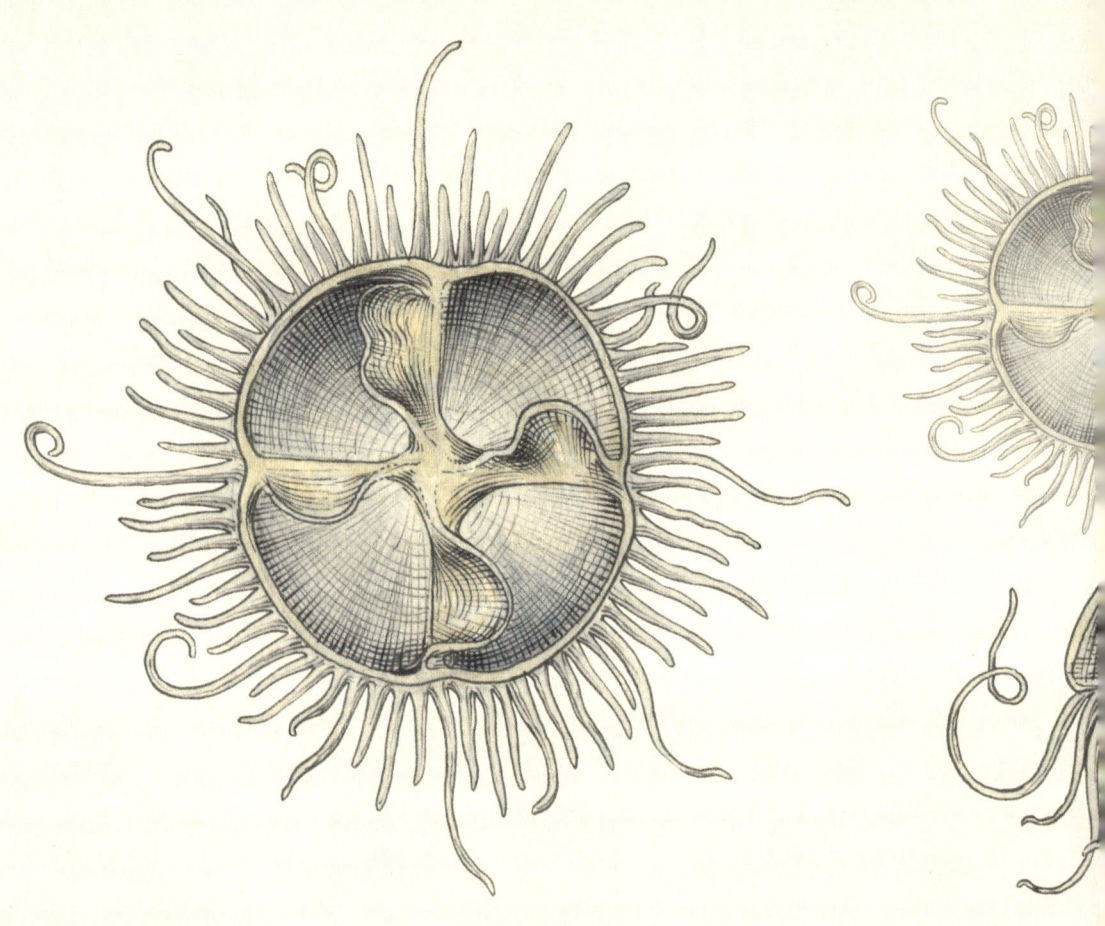

Durchmesser
2 Millimeter (Polyp) bis 20 Millimeter
(Qualle)

Höhe
20 Millimeter (Qualle)

Gewicht
4 Gramm (davon 99 % Wasser)

Geschlechtsreife
ab einer Größe von 9–10 Millimetern

Lebenserwartung
4 bis 5 Monate als entwickelte Qualle

Lebensraum
Fließgewässer mit Ufervegetation, Stillgewässer mit Wasserpflanzen

Einmal beim Kaltwassertauchen in einem gefluteten Steinbruch von Questembert in der Bretagne warnte mich mein Tauchführer, dass in dem nur 9 Grad Celsius warmen Wasser Quallen zu sehen sein würden. Ich tauchte hinab in das klare Wasser, in dem es praktisch keine Vegetation gibt, und entdeckte mehrere frei schwimmende Süßwasserquallen. Im Schein meiner Tauchlampe suchte ich dann in einer Tiefe von dreiundzwanzig Metern unter dem felsigen Überhang nach weiteren Spuren. Und ich fand sie: ein zarter weißer Plüsch bedeckte die Felswand – Milliarden von Polypen, dicht an dicht, keiner größer als zwei Millimeter. Jeder einzelne würde sich eines Tages zu einer Qualle entwickeln.

Süßwasserquallen? Bei uns? Wirklich? So unglaublich es klingt – diese winzigen, ursprünglich aus China stammenden Nesseltierchen sind inzwischen tatsächlich weltweit heimisch. Hierzulande können wir sie in langsam fließenden Flüssen sowie in Teichen, Baggerseen und Weihern entdecken.

Die Süßwasserqualle tritt in drei Entwicklungsstadien auf: als geschlechtsloser, ortsgebundener Polyp, im Winter als kugelförmiger Überdauerungskörper und schließlich in Form der geschlechtsreifen, frei schwimmenden Qualle. Der Polyp sieht aus wie eine Miniqualle, die

verkehrt herum sitzt: der Schirm ist an der Unterlage befestigt, und die Tentakeln sind nach oben gerichtet. Zum Winter zieht sich der Polyp ganz klein zusammen. Gelegentlich bleibt ein solch zusammengezogener Polyp an den Füßen eines Wasservogels – einer Möwe, eines Reihers oder Kormorans – hängen: Per Lufttaxi geht es dann ins nächste Gewässer. Der Zoologe und Afrikaforscher Théodore Monod bezeichnete die Süßwasserqualle, als er sie 1970 in der Seine entdeckte, als »fliegende Medusa«.

Wenn sich im Frühjahr das Wasser erwärmt, werden die Polypen wieder aktiv. Bei Wassertemperaturen über 20 Grad Celsius bilden sich die durchsichtig-milchigen Medusen heraus, und so entstehen männliche und weibliche Quallen. Bei dem dann deutlich erkennbaren »vierblättrigen Kleeblatt« handelt es sich um die Keimdrüsen.

In China wurde die Qualle bereits im 13. Jahrhundert beschrieben, in Europa entdeckte man sie hingegen erstmals 1880 in London in einem Becken mit Riesenseerosen. Selbst in mitteleuropäischen Gewässern begegnen wir nun diesen exotisch anmutenden Tierchen. Von ihren vier- bis sechshundert Tentakeln geht für uns Menschen übrigens keine Gefahr aus. Durch unsere Haut dringt das schwache Nesselgift nämlich nicht – es löst allerhöchstens mal einen kleinen Juckreiz aus.

Malermuschel

Unio pictorum

Länge
11–14 Zentimeter lang, 3–4 Zentimeter dick, 3 Zentimeter breit

Geschlechtsreife
mit 3 Jahren

Lebenserwartung
20 Jahre

Lebensraum
Fließgewässer mit Ufervegetation;
Stillgewässer mit Wasserpflanzen

Warum die Malermuschel Malermuschel heißt? Nun, früher verwendeten Maler ihre schönen Schalen, die sie an Fluss- und Seeufern sammelten, um darin ihre Wasserfarben anzumischen.

Die glänzend-grüne bis braune oder gelbbraune Malermuschel mit ihren zwei schönen Muschelschalen bevorzugt als Lebensraum ruhige Fließgewässer, aber auch in Teichen und Seen ist sie zu finden. Bevorzugt darf es schlammig-sandiger Untergrund sein oder feiner Kies.

Zur Paarung setzen die männlichen Muscheln im Frühjahr ihre Spermien frei, und die weiblichen Muscheln nehmen sie mit dem Atemstrom auf. Die Malermuschel betreibt die sogenannte Brutpflege: Das Weibchen beherbergt die Junglarven (im Durchschnitt zweihunderttausend Stück) in seinen zum Brutbeutel ausgebildeten Kiemenzwischenräumen.

Erst die weiterentwickelten Larven werden freigesetzt. Diese zweiklappigen Muschellarven ähneln dem monster-fressenden Pac-Man aus dem gleichnamigen Videospiel-

Klassiker. Die Larven haken sich an den Kiemen von Fischen fest. Vom Fisch in einer Zyste eingekapselt, bezieht die Larve dort während der folgenden vier bis neun Monate Nährstoffe aus dem Blut ihres Wirts. Die fertige Jungmuschel löst sich schließlich aus den Kiemen und sinkt zu Boden.

Über ihre Kiemen nimmt die Malermuschel zugleich Atemwasser und Nahrung auf. Beträchtliche drei bis fünf Liter Wasser durchströmen sie pro Stunde. Wie alle Muscheln verfügt die Malermuschel über einen Schließmuskel, der ihre Schale bei Gefahr fest geschlossen hält. Im Gegensatz zu der weitläufig mit ihr verwandten Miesmuschel verankert sie sich jedoch nicht fest an einer Unterlage im Wasser. Mit ihren trichterförmigen Röhren, die man als Siphonen bezeichnet, bewegt sie sich nämlich per Rückstoß auf dem Gewässergrund fort.

Schauen Sie also einmal ganz genau hin, wenn Sie an einem leise plätschernden Bach stehen – vielleicht gleitet ja eine Malermuschel durch das Wasser.

Halsbandsittich

Psittacula krameri

Länge

43 Zentimeter

Flügelspannweite

42–48 Zentimeter

Gewicht

95–140 Gramm

Geschlechtsreife

mit 2 bis 3 Jahren

Lebenserwartung

30 Jahre

Lebensraum

Ackerland, Gemüse- und Obstgärten,
Laubwälder, große Bäume, Baumhöhlen, Gärten, Parks und Friedhöfe

Wenn Ihnen in der Stadt ein auffällig grüner Vogel ins Auge fällt, muss dies kein ausgebüxter Wellensittich sein. Der grün leuchtende Halsbandsittich ist zwar ursprünglich in den afrikanischen Tropenwäldern südlich der Sahara, in Nordindien und in Pakistan zu Hause, doch traten die ersten Exemplare 1969 in Köln auf, und im Jahr 2014 lebten dort geschätzte dreitausend Vögel. In ganz Deutschland sollen inzwischen dreißigtausend Tiere zu Hause sein. Es heißt, in die Gegend um Paris sei der Halsbandsittich im Jahr 1974 gelangt, weil am Flughafen Roissy-Charles-de-Gaulle versehentlich ein Transportbehälter geöffnet wurde.

Der Halsbandsittich ist am liebsten im Schwarm unterwegs, sowohl auf der Suche nach Futter als auch nach Nist- oder Schlafstätten. Er ernährt sich fast ausschließlich von Samen und Früchten, was nicht jedem Gärtner gefällt, denn die Sittiche orten sehr schnell und genau, wo sie reife Äpfel und anderes Obst zum Anknabbern finden.

Der Halsbandsittich gehört zu den Papageienvögeln und liebt offene Flächen mit Bäumen. Je älter die Bäume und je ruhiger die Umgebung, desto wohler fühlt er sich – ideal findet er zum Beispiel unsere Stadtfriedhöfe, auf denen er in Baumhöhlen brütet, besonders gern in Platanen. Er besitzt einen sittichtypischen roten bis

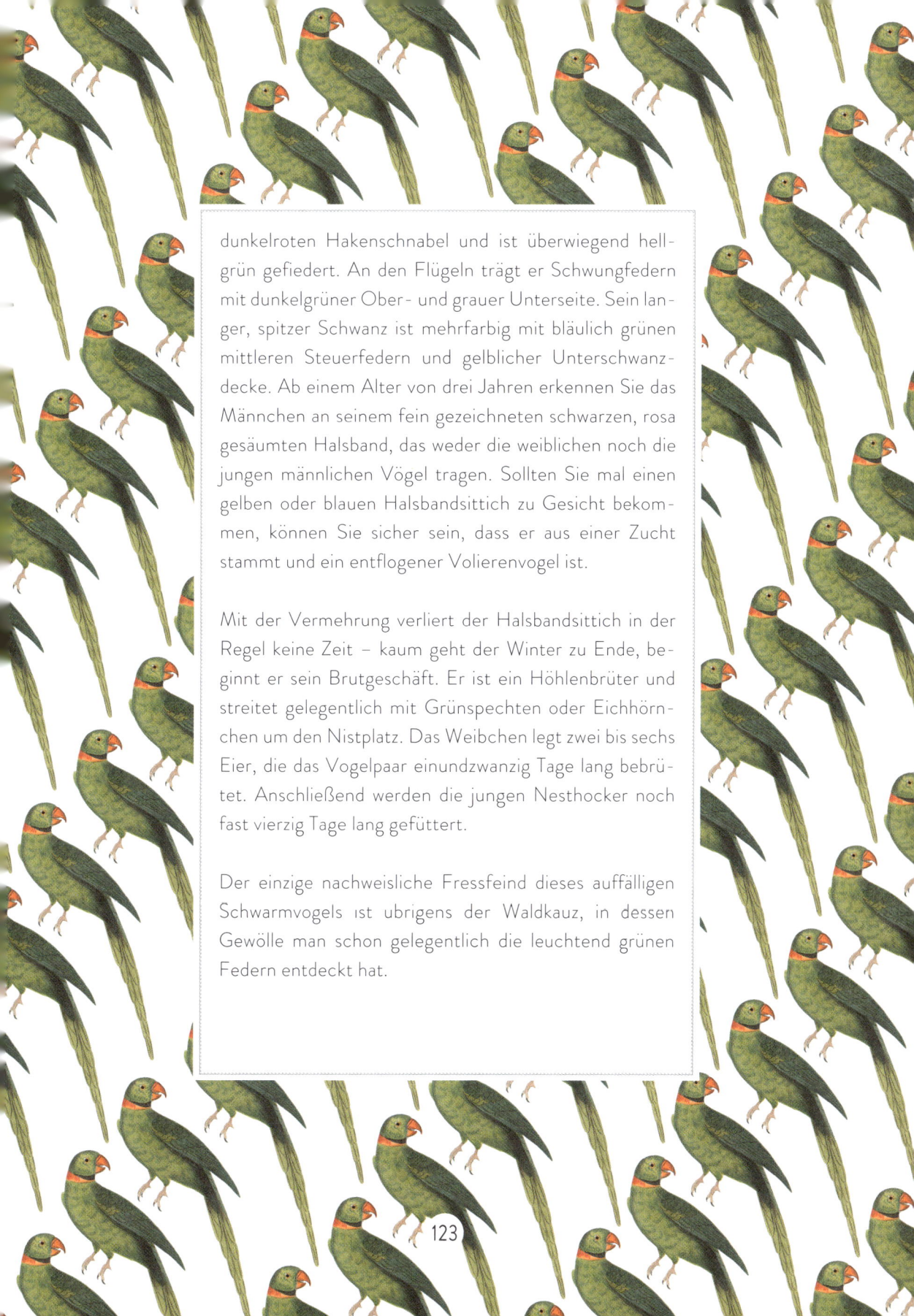

dunkelroten Hakenschnabel und ist überwiegend hell-grün gefiedert. An den Flügeln trägt er Schwungfedern mit dunkelgrüner Ober- und grauer Unterseite. Sein lan-ger, spitzer Schwanz ist mehrfarbig mit bläulich grünen mittleren Steuerfedern und gelblicher Unterschwanz-decke. Ab einem Alter von drei Jahren erkennen Sie das Männchen an seinem fein gezeichneten schwarzen, rosa gesäumten Halsband, das weder die weiblichen noch die jungen männlichen Vögel tragen. Sollten Sie mal einen gelben oder blauen Halsbandsittich zu Gesicht bekom-men, können Sie sicher sein, dass er aus einer Zucht stammt und ein entflogener Volierenvogel ist.

Mit der Vermehrung verliert der Halsbandsittich in der Regel keine Zeit – kaum geht der Winter zu Ende, be-ginnt er sein Brutgeschäft. Er ist ein Höhlenbrüter und streitet gelegentlich mit Grünspechten oder Eichhörn-chen um den Nistplatz. Das Weibchen legt zwei bis sechs Eier, die das Vogelpaar einundzwanzig Tage lang bebrü-tet. Anschließend werden die jungen Nesthocker noch fast vierzig Tage lang gefüttert.

Der einzige nachweisliche Fressfeind dieses auffälligen Schwarmvogels ist übrigens der Waldkauz, in dessen Gewölle man schon gelegentlich die leuchtend grünen Federn entdeckt hat.

Grünspecht

Picus viridis

Körpergröße

33 Zentimeter

Flügelspannweite

40–42 Zentimeter

Gewicht

180–220 Gramm

Geschlechtsreife

mit einem Jahr

Lebenserwartung

7 Jahre

Lebensraum

Wiesen und Rasenflächen, grüne Brachen, Ackerland, Gemüse- und Obstgärten, Gehölze, Laubwälder, große Bäume, Baumhöhlen, Gärten, Parks und Friedhöfe

Haben Sie schon einmal fasziniert dabei zugeschaut, wie ein Grünspecht mit seinen kurzen Beinen und seinem langen Schnabel etwas ungelenk übers Gras stapft? Es ist gar nicht so leicht, einen Blick auf ihn zu erhaschen, denn er ist ein ausgesprochen scheuer Vogel und ständig in Habachtstellung. Immer wieder hebt er den Kopf und blickt sich nach Störenfrieden und Beutegreifern um. Beim geringsten Anlass fliegt er auf und sucht – ganz wie ein Eichhörnchen – an der Rückseite eines Baumstamms Deckung. Ganz vorsichtig rutscht er Stück für Stück um den Stamm herum, bis er uns heimlich von seinem improvisierten Ausguck im Auge behalten kann.

Der Grünspecht trägt ein dezent grünes Gefieder, das ihm als Tarnfarbe bei der Futtersuche dient. Denn im Gegensatz zu seinem Verwandten dem Buntspecht, den man senkrecht an Baumstämmen sieht, sucht unser Grünspecht sein Futter auf dem Boden. Dabei können wir ihn auch auf den Rasenflächen unserer Parkanlagen beobachten. Entdeckt er uns, bleibt er ganz still sitzen und folgt uns nur mit dem Blick. Erst wenn wir ihm unbehaglich nah kommen, fliegt er auf.

Mit seiner zehn Zentimeter langen Zunge (zum Vergleich: die des Buntspechts ist nur vier Zentimeter lang) angelt der Grünspecht seine Leibspeise aus dem Boden: Ameisen! Hat er auf einem Rasen ein Ameisennest entdeckt, beweist er allergrößte Geduld und steckt seinen Schnabel tiefer

126

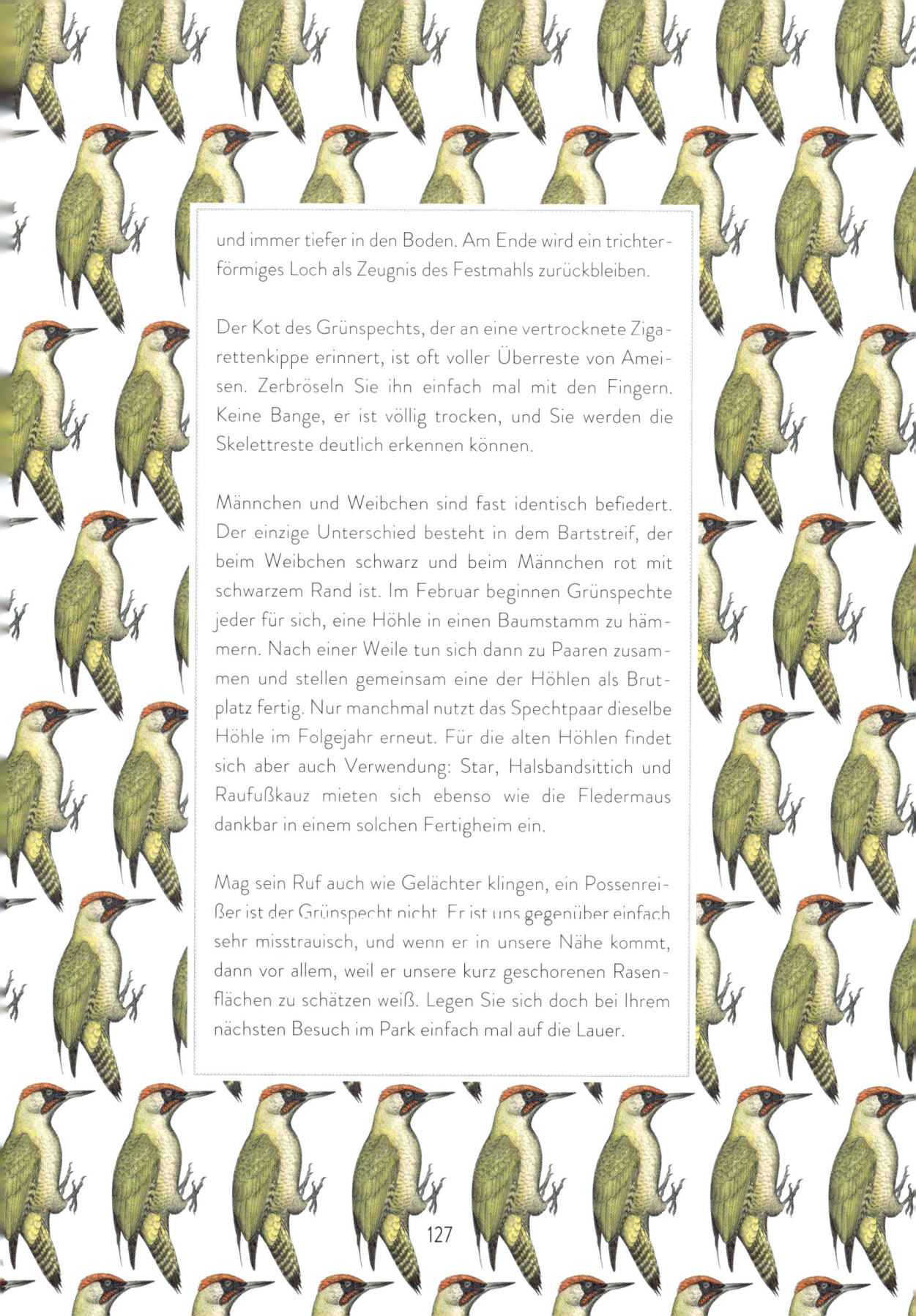

und immer tiefer in den Boden. Am Ende wird ein trichterförmiges Loch als Zeugnis des Festmahls zurückbleiben.

Der Kot des Grünspechts, der an eine vertrocknete Zigarettenkippe erinnert, ist oft voller Überreste von Ameisen. Zerbröseln Sie ihn einfach mal mit den Fingern. Keine Bange, er ist völlig trocken, und Sie werden die Skelettreste deutlich erkennen können.

Männchen und Weibchen sind fast identisch befiedert. Der einzige Unterschied besteht in dem Bartstreif, der beim Weibchen schwarz und beim Männchen rot mit schwarzem Rand ist. Im Februar beginnen Grünspechte jeder für sich, eine Höhle in einen Baumstamm zu hämmern. Nach einer Weile tun sich dann zu Paaren zusammen und stellen gemeinsam eine der Höhlen als Brutplatz fertig. Nur manchmal nutzt das Spechtpaar dieselbe Höhle im Folgejahr erneut. Für die alten Höhlen findet sich aber auch Verwendung: Star, Halsbandsittich und Raufußkauz mieten sich ebenso wie die Fledermaus dankbar in einem solchen Fertigheim ein.

Mag sein Ruf auch wie Gelächter klingen, ein Possenreißer ist der Grünspecht nicht. Er ist uns gegenüber einfach sehr misstrauisch, und wenn er in unsere Nähe kommt, dann vor allem, weil er unsere kurz geschorenen Rasenflächen zu schätzen weiß. Legen Sie sich doch bei Ihrem nächsten Besuch im Park einfach mal auf die Lauer.

Zwergfledermaus

Pipistrellus pipistrellus

Körpergröße
Körper 1,5–2 Zentimeter, Schwanzlänge 2–3 Zentimeter

Flügelspannweite
18–24 Zentimeter

Gewicht
3,5–8 Gramm

Geschlechtsreife
mit 1 bis 2 Jahren

Lebenserwartung
4 bis 16 Jahre

Lebensraum
Gehölze, Laubwälder, große Bäume,
Baumhöhlen, Gärten, Parks und Fried-
höfe, Gebäude und Bauten aller Art,
Bahntunnel, Bruckenbauten

Es lohnt sich, bei zunehmender Dämmerung die Augen nach der Zwergfledermaus offen zu halten – in unmittelbarer Hausnähe, zwischen den Baumkronen entlang der Straße, im Lichtkreis der Straßenlaternen können wir einen Blick auf die Insektenjägerin erhaschen. Sie fliegt aber auch über feuchten Wiesen und an den Gehölzrändern städtischer Grünanlagen. Von allen Fledermausarten begegnet uns die Zwergfledermaus in der Stadt am häufigsten.

Wenn sich der erste Frost bemerkbar macht und kaum noch Nahrung zu finden ist, suchen die Zwergfledermäuse Spalten in und an Häusern, Mauern, Felsen und ähnlich dunklen Orten auf, in denen sie vor Temperaturschwankungen und Luftzug geschützt überwintern können. Dort verfallen sie in Winterlethargie. Das bedeutet, dass ihre Körpertemperatur auf 0–10 Grad Celsius sinkt, und ihr Herzschlag fällt von zweihundertfünfzig bis vierhundertfünfzig Schlägen pro Minute im Wachzustand auf achtzehn bis achtzig Schläge. Die Atemfrequenz geht auf nahezu null zurück, mitunter mit nur einem Atemzug alle sechzig bis neunzig Minuten.

Eine derart in Winterruhe befindliche Fledermaus dürfen Sie auf keinen Fall stören, denn dann bringt sie über die nächsten dreißig bis sechzig Minuten ihre Körpertemperatur zurück in den Normalbereich – ein Energieaufwand,

der das Tier Gefahr laufen lässt, mit seinen Fettreserven nicht bis zum nächsten Frühjahr durchzuhalten.

Das größte in Deutschland bekannte Winterquartier der Zwergfledermaus befindet sich im Marburger Landgrafenschloss. In einem großen Gewölbekeller überwinterten hier in den letzten Jahren regelmäßig zwischen viertausend und fünftausend Tiere. In den Karpaten gibt es sogar Massenwinterquartiere, in denen mehrere Zehntausend Tiere in Höhlen den Winter verschlafen.

Die Fledermaus kommuniziert, orientiert sich und jagt mithilfe der sogenannten Echoortung. Dabei gibt sie Töne im Ultraschallbereich von sich, die das menschliche Ohr nicht wahrnimmt.

Als reiner Insektenfresser ernährt sie sich von Nachtfaltern, Mücken, Fliegen und anderen Insekten. Zwischen Mitte Mai und Mitte Oktober vertilgt eine einzige Fledermaus etwa sechzigtausend Mücken – rund zwei Kilogramm! Das ist doch ein guter Grund, den Tierchen zu Hilfe zu kommen und Fledermauskästen anzubringen. Das Flattertier dankt es Ihnen außerdem mit seinem phosphorreichen Kot. Dieser sammelt sich unter dem Kasten und eignet sich hervorragend als Dünger für Ihre Blumen.

Wanderratte

Rattus norvegicus

Körpergröße
20–25 Zentimeter, Schwanzlänge 15–20 Zentimeter

Gewicht
300 Gramm und mehr

Geschlechtsreife
mit 3 Monaten

Lebenserwartung
zwischen 9 und 18 Monate in Freiheit; bis zu 3 Jahren in Gefangenschaft

Lebensraum
grüne Brachen, Hecken und Gebüsche, Brombeergestrüpp, Auwald, Gärten, Parks und Friedhöfe, Gebäude und Bauten aller Art

Die Wanderratte war ursprünglich in Nordostasien behei-
matet und gelangte im 16. Jahrhundert als blinder Passa-
gier der Handelsschifffahrt nach Europa. Zunächst ging
sie in Norwegen an Land – daher ihre Artbezeichnung
norvegicus. Von hier aus hat sie im Laufe des 17. Jahrhunderts das übrige Europa besiedelt.

Sie lebt versteckt in Bauten, die sie in Haushöfen, in
Gärten und an den Ufern von Wasserläufen anlegt, aber
auch in der Kanalisation. Dieser erstaunliche Nager zieht
pro Jahr mehrere Würfe groß – durch die frühe Geschlechtsreife kann ein einziges Weibchen während seiner Lebenszeit auf beeindruckende zweitausendfünfhun-
dert Nachfahren kommen!

Ratten sind nachtaktiv und in der Regel sehr scheu – so-
lange man sie nicht füttert. Sie sind ständig auf der Hut,
selbst beim Fressen bewegen sie unablässig die Oh-
ren, um das kleinste Geräusch auszuloten. Um die Ecke
könnte ja jederzeit ein hungriger Fuchs lauern.

Die Wanderratte ist ein Allesfresser, und pro Tag benötigt sie mindestens dreißig Gramm Nahrung, also etwa
ein Zehntel ihres Körpergewichts – das können Obst-
und Gemüseabfälle sein, Hunde- und Katzenfutter oder
was sich sonst noch so findet. Auf diese Weise entsorgt

beispielsweise die Pariser Rattenbevölkerung alljährlich schätzungsweise 292.000 Tonnen Abfall. Da die Ratte äußerst geschickt klettern kann, verschafft sie sich auch mal Zugang zu Futterknödeln am Vogelhaus oder zu einem saftigen Schinken, der in der Speisekammer hängt. Dabei lässt sie sich von ihrem Geruchssinn leiten, der sie auf direktestem Wege zu wahrhaftigen Rattenparadiesen führt: Schlachthäusern, Getreide- und Futtersilos, Hinterhöfen von Restaurants und natürlich Küchen.

Das von vielen Menschen so verabscheute Tier leistet uns übrigens große Dienste. Es gräbt zum Beispiel im Schlamm städtischer Kanalisationen Tunnel und sorgt so dafür, dass das Abwasser besser abfließt und es seltener zu Verstopfungen kommt. Ratten sind nebenbei bemerkt auch ein hervorragendes Frühwarnsystem für steigende Wasserstände und Gasaustritte – beides treibt sie auf die Straße, wodurch wir Menschen auf den Missstand aufmerksam werden.

Auch achtlos auf den Gehsteig geworfene Essensreste vertilgen die Nager im Nu. Wenn Ihnen also das nächste Mal unverhofft eine Ratte über den Weg huscht, schimpfen Sie zur Abwechslung einmal nicht: Die Chancen stehen gut, dass sie gerade einem weniger ordentlichen Mitmenschen hinterhergeräumt hat.

Rotfuchs

Vulpes vulpes

Körpergröße
58–90 Zentimeter, plus
Schwanz 32–90 Zentimeter

Gewicht
4–10 Kilogramm

Geschlechtsreife
mit etwa 10 Monaten

Lebenserwartung
2 bis 5 Jahre in Freiheit, fast
15 Jahre in Gefangenschaft

Lebensraum
Wiesen und Rasenflächen, grüne
Brachen, Ackerland, Gemüse-
und Obstgärten, Gehölze, Laub-
und Nadelwälder, Gärten, Parks
und Friedhöfe

Vielleicht sind auch Sie auf dem Heimweg spät abends oder nachts schon einmal einem Fuchs zwischen den Häuserreihen begegnet? Wer von beiden hat den größeren Schrecken bekommen?

Ob auf dem Land oder in der Stadt, der Rotfuchs fühlt sich heute überall gleichermaßen zu Hause. Schon seit Jahren streift der nächtliche Jäger durch die Alleen, Grünanlagen und Gärten unserer Großstädte. In Berlin ist es ein ganz gewöhnlicher Anblick, Rotfüchse an S-Bahn-Gleisen oder gleich direkt über den Alexanderplatz spazieren zu sehen. Bis zu zweitausend Tiere sollen in der deutschen Hauptstadt mittlerweile zu Hause sein. In Paris wird die Anzahl auf weniger als hundert Exemplare geschätzt. In London hingegen sollen sogar zehntausend Rotfüchse leben.

Von Januar bis März ist Fortpflanzungszeit, und dann hört man nach Einbruch der Dunkelheit häufig sein Ranzbellen durch Parks und Stadtwälder hallen.

Ein ausgewachsener Fuchs benötigt am Tag etwa fünfhundert Gramm Nahrung. Diese besteht hauptsächlich aus kleinen Nagern, zum Beispiel Wühl-, Wald- und

sonstigen Mäusen sowie Sieben- und Gartenschläfern, von denen er im Jahr an die sechstausend fängt. Bauern und Gärtnern leistet er damit unbezahlbare Dienste. Außerdem liebt er Kirschen, Äpfel und die unterschiedlichsten Beeren, deren Samen er über seinen Kot (den man Losung nennt) weitläufig verteilt. Damit trägt er im natürlichen Kreislauf zur Verbreitung von Obstgehölzen bei.

Der Fuchs wird zwar langsam zu einem gewohnten Anblick in unseren Städten, wir dürfen jedoch eines nicht vergessen: Er ist ein Wildtier. Zwar haben die meisten Füchse, die in der Stadt oder am Stadtrand leben, zumindest einen Teil ihrer Scheu vor dem Menschen abgelegt. Zu ihrem Schutz aber sollten wir dafür sorgen, dass sie ihre instinktive Furcht vor uns nicht ganz verlieren – auch wenn sie sich dem Menschen gegenüber nie aggressiv verhalten.

Der Rotfuchs ist ein wichtiges Mitglied der natürlichen Artengemeinschaft der Stadt. Gleichzeitig ist er ein unverzichtbarer Teil unseres kulturellen und natürlichen Umfelds, des städtischen wie des ländlichen.

Wintergoldhähnchen

Regulus regulus

Körpergröße
9 Zentimeter

Flügelspannweite
15 bis 16 Zentimeter

Gewicht
5 – 7 Gramm

Geschlechtsreife
mit einem Jahr

Lebenserwartung
7 Jahre

Lebensraum
Hecken, Gebüsche und Unterholz,
Nadelwälder, große Bäume, Gärten,
Parks und Friedhöfe

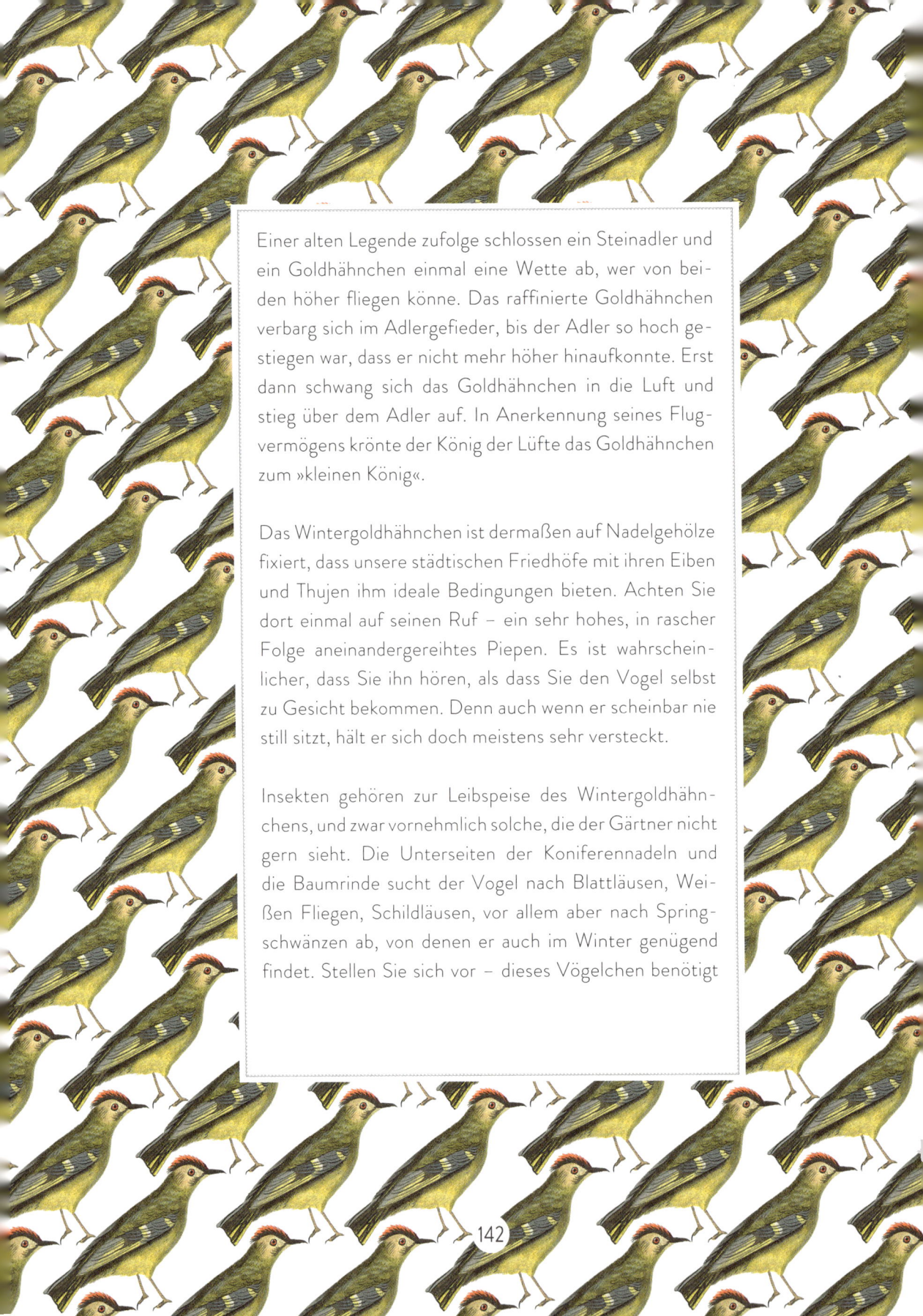

Einer alten Legende zufolge schlossen ein Steinadler und ein Goldhähnchen einmal eine Wette ab, wer von beiden höher fliegen könne. Das raffinierte Goldhähnchen verbarg sich im Adlergefieder, bis der Adler so hoch gestiegen war, dass er nicht mehr höher hinaufkonnte. Erst dann schwang sich das Goldhähnchen in die Luft und stieg über dem Adler auf. In Anerkennung seines Flugvermögens krönte der König der Lüfte das Goldhähnchen zum »kleinen König«.

Das Wintergoldhähnchen ist dermaßen auf Nadelgehölze fixiert, dass unsere städtischen Friedhöfe mit ihren Eiben und Thujen ihm ideale Bedingungen bieten. Achten Sie dort einmal auf seinen Ruf – ein sehr hohes, in rascher Folge aneinandergereihtes Piepen. Es ist wahrscheinlicher, dass Sie ihn hören, als dass Sie den Vogel selbst zu Gesicht bekommen. Denn auch wenn er scheinbar nie still sitzt, hält er sich doch meistens sehr versteckt.

Insekten gehören zur Leibspeise des Wintergoldhähnchens, und zwar vornehmlich solche, die der Gärtner nicht gern sieht. Die Unterseiten der Koniferennadeln und die Baumrinde sucht der Vogel nach Blattläusen, Weißen Fliegen, Schildläusen, vor allem aber nach Springschwänzen ab, von denen er auch im Winter genügend findet. Stellen Sie sich vor – dieses Vögelchen benötigt

täglich sein Eigengewicht in Insekten! Kein Wunder, dass
es so aktiv ist. Nimmt es nur zwanzig Minuten lang keine Nahrung zu sich, kann es bis zu einem Drittel seines
Gewichts verlieren.

Ihr winziges Hängenest fertigen die Wintergoldhähnchen
aus Moosen und Flechten, Spinnfäden und Raupenge-
spinsten, wobei sie dünne Zweige des Baums einarbei-
ten. Um diese Arbeit kümmert sich hauptsächlich das
Männchen. Das Wintergoldhähnchen ist eine der beiden
kleinsten Vogelarten Europas – diese Ehre teilt es sich
mit dem Sommergoldhähnchen. Wie winzig der Vogel ist,
lässt sich daran ermessen, dass man schon hin und wieder
ein totes Goldhähnchen in einem Spinnennetz gefunden
hat.

Sowohl Männchen als auch Weibchen tragen ein grün-
liches Gefieder und zwei weiße Flügelbinden. Den Kopf
schmückt eine schwarz gesäumte »Krone«: ein heller
Scheitelstreif, der beim Männchen orange und beim
Weibchen gelb leuchtet. Diesem glanzvollen Kopf-
schmuck verdankt der Vogel nicht nur seinen deutschen
Namen, sondern auch seinen wissenschaftlichen, denn
Regulus bedeutet »kleiner König«. Da ist es nicht verwun-
derlich, dass sich Legenden um diesen reich geschmück-
ten Winzling ranken.

Feuersalamander

Salamandra salamandra

Körpergröße
11–21 Zentimeter

Gewicht
40 Gramm

Geschlechtsreife
mit 2 bis 4 Jahren

Lebenserwartung
25 Jahre

Lebensraum
Stillgewässer mit Wasserpflanzen, Wiesen und Rasenflächen, grüne Brachen, Gehölze, Laubwälder, Gärten, Parks und Friedhöfe; überwintert im Boden

Sie halten den Feuersalamander für einen Waldbewohner? Das stimmt natürlich, aber auch in der Stadt kann er Ihnen begegnen. Nur zu exponiert mag er es nicht – Tunnel, Katakomben, Bunker, Industriebrachen sind sein städtisches Revier.

Das Weibchen kann mehrmals im Jahr Nachwuchs in die Welt setzen, die Paarung findet an Land statt und nicht, wie man annehmen könnte, im Wasser. Es ist übrigens in der Lage, die Samenflüssigkeit des Männchens etliche Monate in seinem Körper aufzubewahren. Die Embryonen entwickeln sich über drei bis vier Monate im Körper des Muttertiers.

Im Februar/März sucht das Weibchen ein Laichgewässer auf – es reicht schon eine Pfütze in einer Wagenspur – und setzt dort zehn bis siebzig Larven frei. Die nur zwanzig bis dreißig Millimeter langen Larven sind mit Kiemen ausgestattet, können also wie Fische im Wasser atmen.

Der in vielen Regionen unter Schutz stehende Schwanz-lurch ist überwiegend dämmerungs- und nachtaktiv. Dennoch können wir auch tagsüber das Glück haben, im moosigen Unterholz eines Stadtparks einen Feuer-salamander bei der Nahrungssuche zu beobachten. Der ausgewachsene Lurch frisst Insekten und ihre Larven, Tausendfüßler, Asseln und Regenwürmer. Seine Larven halten sich an kleinere Beute wie Krebstierchen und Mü-ckenlarven, die ihnen vor der Nase zappeln.

Dem Feuersalamander wurde lange Zeit Zauberkraft nachgesagt. Der Grund dafür war neben der Tatsache, dass seinem Hautgift alle möglichen Wirkungen zuge-schrieben wurden, seine Gewohnheit, sich zum Überwin-tern in Holzhaufen zu verstecken. Wenn die Menschen das Holz dann im Winter zum Feuern hereinholten und im Kamin anzündeten, kam er blitzschnell hervorgekrochen. Und nun stellen Sie sich das einmal bildlich vor – rau-chendes Holz, ein Salamander in lodernden Farben, und schon ist die Legende in der Welt – der feuerspuckende Salamander!

Medizinischer Blutegel

Hirudo medicinalis

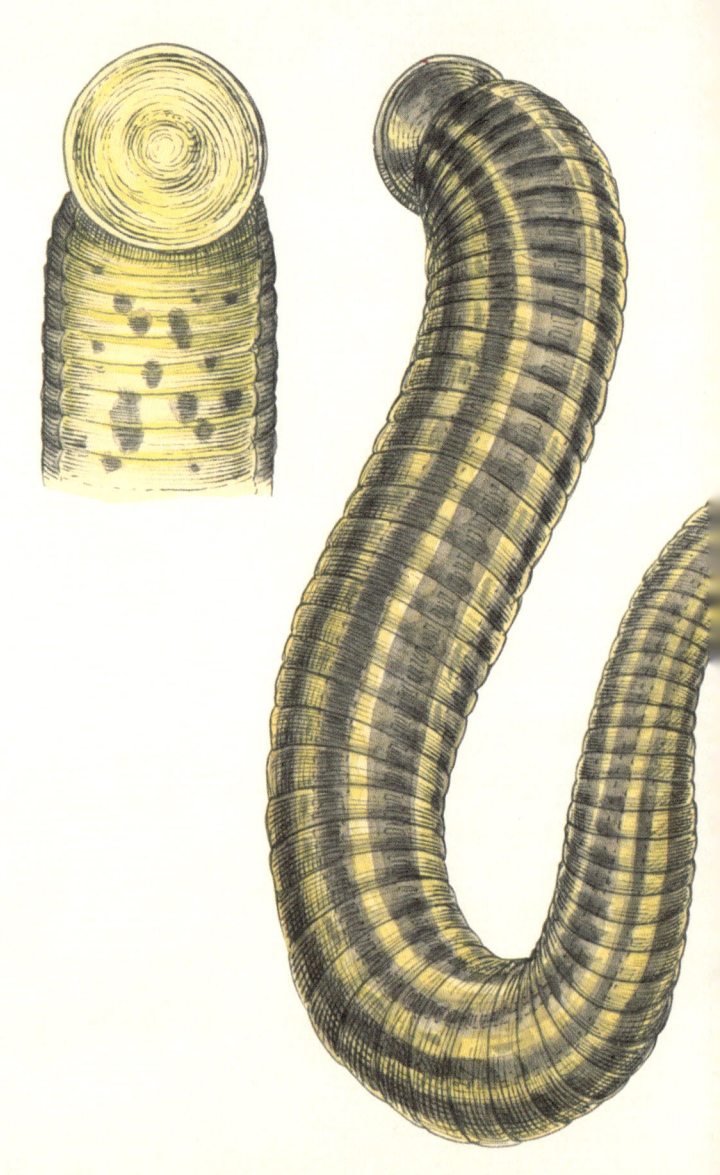

Körpergröße

Länge 15 Zentimeter, Breite 1,5 Zentimeter

Gewicht

nüchtern 2–3 Gramm, vollgesogen
5–15 Gramm

Geschlechtsreife

mit 5 bis 7 Jahren (bei Zuchttieren
schon mit 2 Jahren)

Lebenserwartung

15 Jahre

Lebensraum

Fließgewässer mit Ufervegetation, Stillgewässer mit Wasserpflanzen, Röhricht

Schon seit der Antike verwenden die Menschen den Blutegel für medizinische Zwecke. Ursprünglich führte man damit eine Form des Aderlasses durch. Blutegelspeichel enthält schmerzlindernde, gerinnungs- und entzündungshemmende Stoffe, und diese Wirkung macht man sich heute noch in Krankenhäusern zur Durchblutungsförderung (zum Beispiel nach Operationen) zunutze. Dazu werden allerdings ausschließlich Tiere aus dem Zuchtlabor verwendet, und jeder Blutegel wird nur ein einziges Mal am Patienten eingesetzt.

Der Blutegel saugt sich in der Natur nicht nur an Säugetieren fest, sondern auch an Vögeln, Amphibien und Fischen. Mit den scharfen Zähnen seiner drei Kiefer ritzt er die Haut an und saugt sich in zwanzig bis vierzig Minuten mit zehn bis fünfzehn Millilitern Blut (etwa ein Esslöffel) voll. Danach fällt er einfach von seinem Wirt ab. Oft genügt ihm eine einzige Mahlzeit pro Jahr!

Im Wasser schlängelt sich der Blutegel wie eine kleine Schlange vorwärts. An Land nutzt er die beiden Saugnäpfe an seinen Körperenden, um sich raupenähnlich fortzubewegen.

Die Fortpflanzung des Blutegels findet im Frühjahr und im Sommer statt. Wie der mit ihm verwandte Regenwurm ist auch der Blutegel ein Zwitter, und zur Paarung legen sich die Egel Kopf an Fuß zusammen. Dreißig bis vierzig Tage nach der Befruchtung setzt der Egel in feuchter Erde oberhalb des Wasserspiegels sechs bis achtzehn kleine Eier in einem schützenden Kokon ab.

Dem Medizinischen Blutegel machen Umweltverschmutzung und die Trockenlegung von Mooren zu schaffen. Außerdem wurde er durch zu hohe Entnahmen für Therapiezwecke vor allem zu Beginn des 19. Jahrhunderts stark dezimiert. In der Natur ist er daher in ganz Europa nur noch an wenigen Stellen anzutreffen. Inzwischen steht er unter Artenschutz, und Wildentnahmen bedürfen der Genehmigung.

Sollten Sie sich einmal unverhofft einen Egel eingefangen haben, so können Sie ihn zum Loslassen bewegen, indem Sie ihn an hochprozentigem Alkohol schnuppern lassen oder aber vorsichtig etwas Flaches – zum Beispiel Ihren Fingernagel oder eine Kreditkarte – unter ihn schieben. Doch gehen Sie dabei behutsam vor, damit seine Mundwerkzeuge nicht in Ihrer Haut stecken bleiben. Die einfachste Methode ist übrigens, ruhig abzuwarten, bis der Egel sich satt gefressen hat und ganz von selbst von Ihnen ablässt.

Spinnenläufer

Scutigera coleoptrata

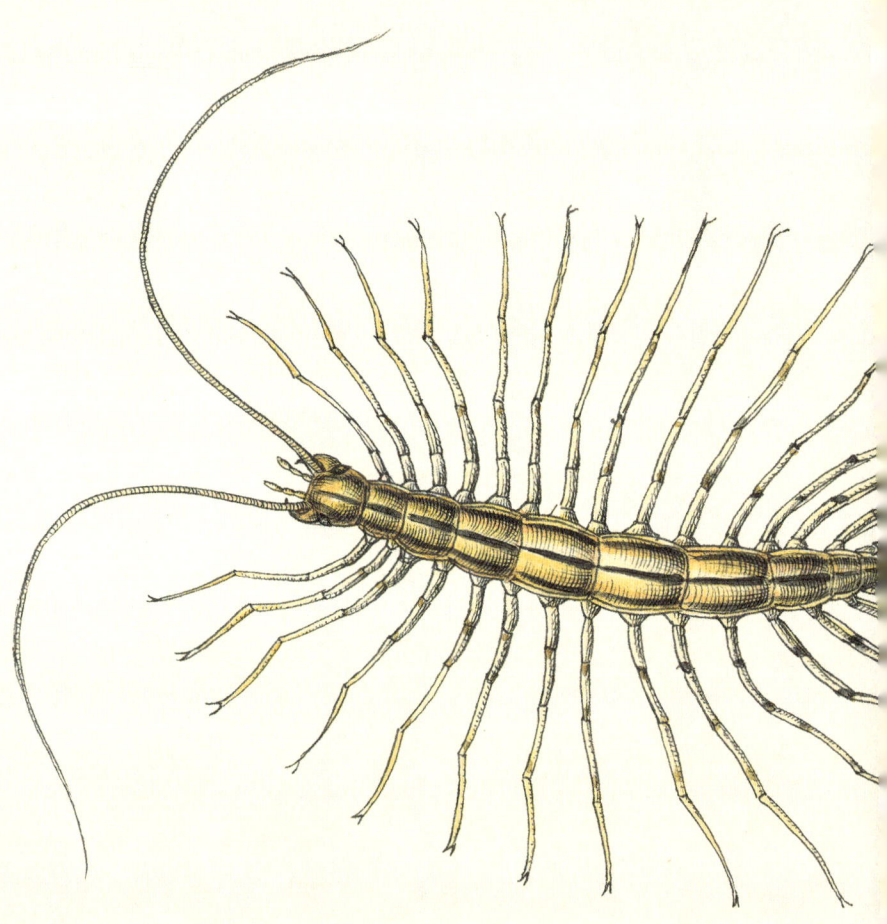

Körpergröße
25–50 Millimeter

Gesamtspannweite
bis 15 Zentimeter

Geschlechtsreife
mit 3 Jahren

Lebenserwartung
6 Jahre

Lebensraum
Gehölze, Gärten, Parks und Friedhöfe, Mauerritzen, Böschungsmauern, Gebäude und Bauten aller Art

Ein Tausendfüßler auf Stelzen, und zwar ein ausgesprochen geschickter. So könnte man den flinken Spinnenläufer beschreiben – gut vierzig Zentimeter pro Sekunde kann das possierliche Tierchen zurücklegen. Doch damit nicht genug: Will es einen Verfolger abhängen, schafft es selbst bei Volltempo eine Kehrtwendung um 90 Grad.

Mit derselben Geschwindigkeit packt der Spinnenläufer seine Beute, die er sofort mit einem Biss der Giftklauen lähmt, die sich unter seinem Kopf befinden. Hat das Gift seine Wirkung getan und das Innenleben des Insekts aufgelöst, saugt der Spinnenläufer den vorverdauten Nahrungsbrei aus. Ebenso machen es übrigens die meisten Spinnen, mit denen er allerdings, vom Namen einmal abgesehen, nicht verwandt ist. Der Spinnenläufer ist sogar in der Lage, neue Beute aus der Luft zu fangen, noch während er damit beschäftigt ist, ein Insekt auszusaugen.

Er mag es feucht und dunkel, weshalb wir ihn am ehesten im Keller oder Bad entdecken. Das nachtaktive Tierchen bekommen Sie am Tag allerdings nur dann zu sehen, wenn Sie es aufstören. Tagsüber bleibt es nämlich hinter Möbeln oder Bildern versteckt, hinter elektrischen

154

Haushaltsgeräten, Fußleisten und in Heizschächten, aber auch auf dem Speicher und in Abstellkammern. Dort wartet es geduldig die Dunkelheit ab, in der es sich dann auf Nahrungssuche macht.

Insekten stellt der Spinnenläufer gnadenlos nach und leistet uns damit große Dienste, meist ganz ohne dass wir es bemerken. Unsere Häuser befreit er von zahllosen Mitbewohnern wie Fliegen, Schaben, Silberfischchen, Motten, Mücken und Asseln.

Die Balz des Spinnenläufers ist recht ausführlich. Ist die Verführung aber gelungen, deponiert das Männchen schließlich ein Samenpaket auf dem Boden, das vom Weibchen mit der Geschlechtsöffnung aufgenommen wird. Das Weibchen legt daraufhin zwischen hundertdreißig und zweihundertneunzig Eier einzeln in Ritzen ab. Die dann schlüpfende Larve verfügt nur über vier Beinpaare. Aus jeder Häutung geht ihr Körper ein Stückchen länger und mit mehr Beinen hervor, bis schließlich die volle Anzahl von fünfzehn Beinpaaren erreicht ist. Seine langen, schlanken Beine sind dabei mit vierunddreißig oder mehr Einzelmuskeln ausgestattet! Kein Wunder also, dass er so schnell unterwegs ist.

Europäischer Wels

Silurus glanis

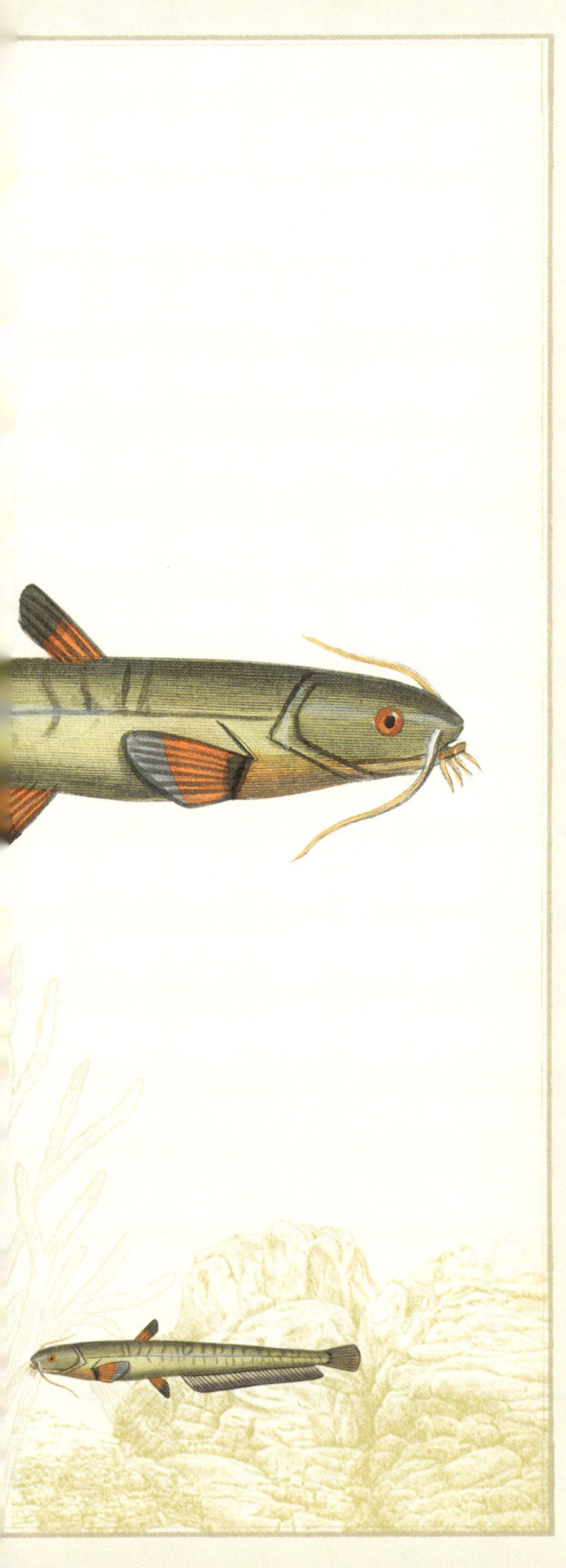

Körpergröße

2,5–5 Meter

Gewicht

15–100 Kilogramm

Geschlechtsreife

mit 3 bis 5 Jahren

Lebenserwartung

80 bis 100 Jahre

Lebensraum

Fließgewässer mit Ufervegetation, Stillgewässer mit Wasserpflanzen

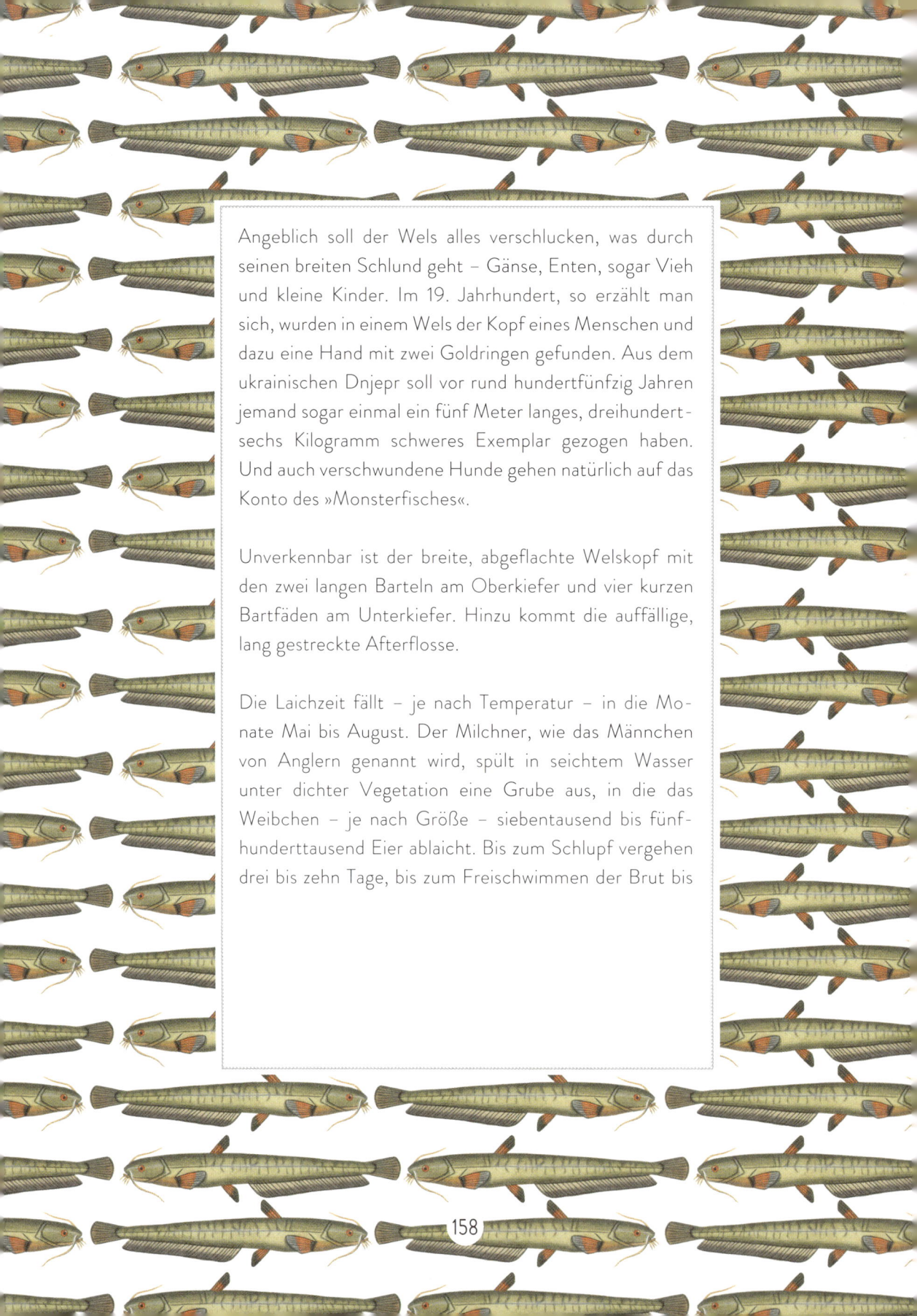

Angeblich soll der Wels alles verschlucken, was durch seinen breiten Schlund geht – Gänse, Enten, sogar Vieh und kleine Kinder. Im 19. Jahrhundert, so erzählt man sich, wurden in einem Wels der Kopf eines Menschen und dazu eine Hand mit zwei Goldringen gefunden. Aus dem ukrainischen Dnjepr soll vor rund hundertfünfzig Jahren jemand sogar einmal ein fünf Meter langes, dreihundertsechs Kilogramm schweres Exemplar gezogen haben. Und auch verschwundene Hunde gehen natürlich auf das Konto des »Monsterfisches«.

Unverkennbar ist der breite, abgeflachte Welskopf mit den zwei langen Barteln am Oberkiefer und vier kurzen Bartfäden am Unterkiefer. Hinzu kommt die auffällige, lang gestreckte Afterflosse.

Die Laichzeit fällt – je nach Temperatur – in die Monate Mai bis August. Der Milchner, wie das Männchen von Anglern genannt wird, spült in seichtem Wasser unter dichter Vegetation eine Grube aus, in die das Weibchen – je nach Größe – siebentausend bis fünfhunderttausend Eier ablaicht. Bis zum Schlupf vergehen drei bis zehn Tage, bis zum Freischwimmen der Brut bis

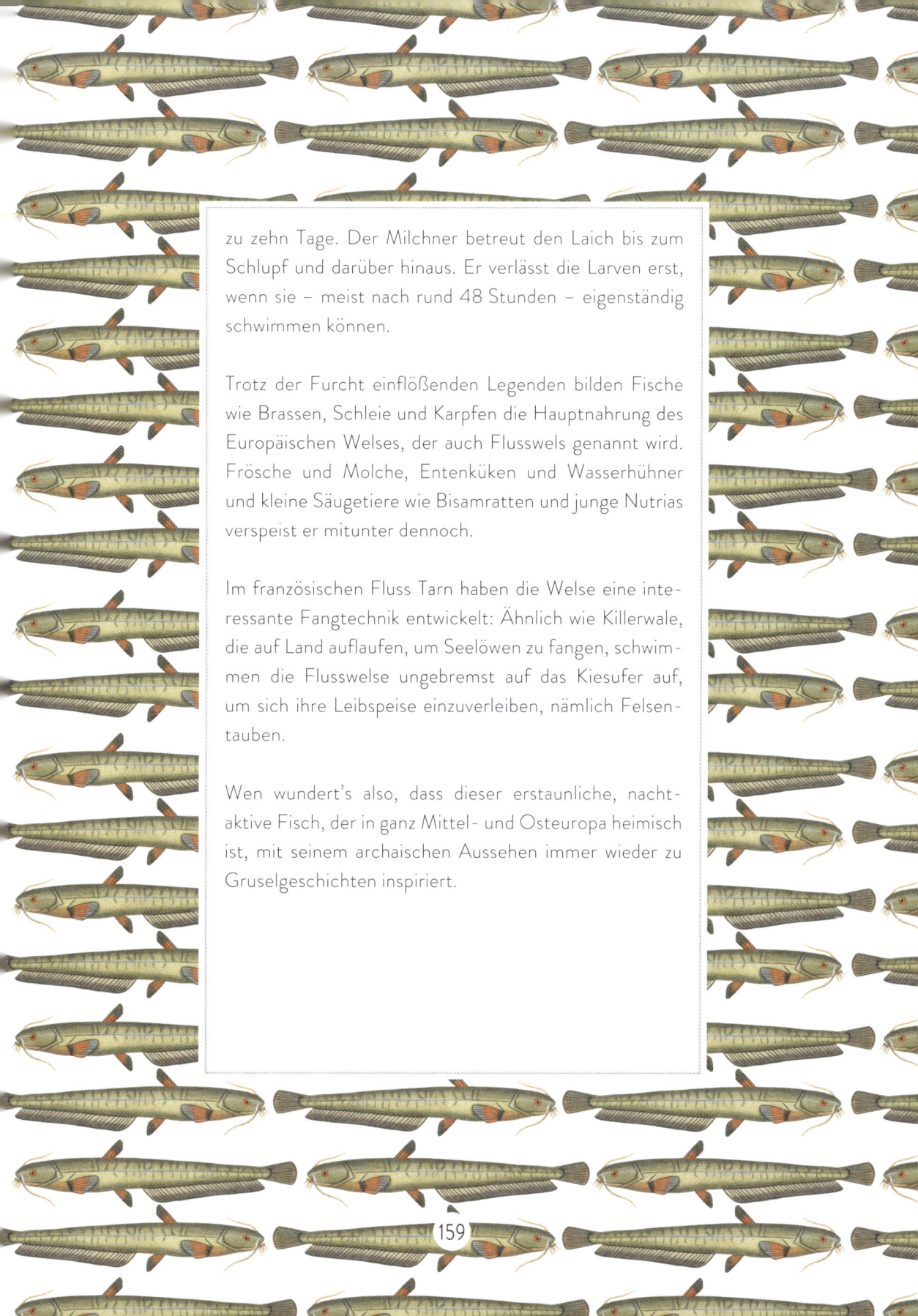

zu zehn Tage. Der Milchner betreut den Laich bis zum Schlupf und darüber hinaus. Er verlässt die Larven erst, wenn sie – meist nach rund 48 Stunden – eigenständig schwimmen können.

Trotz der Furcht einflößenden Legenden bilden Fische wie Brassen, Schleie und Karpfen die Hauptnahrung des Europäischen Welses, der auch Flusswels genannt wird. Frösche und Molche, Entenküken und Wasserhühner und kleine Säugetiere wie Bisamratten und junge Nutrias verspeist er mitunter dennoch.

Im französischen Fluss Tarn haben die Welse eine interessante Fangtechnik entwickelt: Ähnlich wie Killerwale, die auf Land auflaufen, um Seelöwen zu fangen, schwimmen die Flusswelse ungebremst auf das Kiesufer auf, um sich ihre Leibspeise einzuverleiben, nämlich Felsentauben.

Wen wundert's also, dass dieser erstaunliche, nachtaktive Fisch, der in ganz Mittel- und Osteuropa heimisch ist, mit seinem archaischen Aussehen immer wieder zu Gruselgeschichten inspiriert.

Europäischer Maulwurf

Talpa europaea

Körpergröße
11–20 Zentimeter

Gewicht
70–130 Gramm

Geschlechtsreife
mit 10 bis 12 Monaten

Lebenserwartung
3 bis 5 Jahre

Lebensraum
Staudenfluren, Wiesen und Rasen-
flächen, grüne Brachen, Gehölze,
Laubwälder, Gärten, Parks und
Friedhöfe; lebt im Boden

Wo ein Maulwurf am Werke ist, erkennen wir spielend leicht. Obwohl er ein heimliches Leben unter der Erde führt, verrät er doch durch die gut erkennbaren Erdhäuflein über der Erde, wo er seine Gänge gräbt. Dabei machen Maulwurfshügel übrigens längst nicht jeden Gärtner unglücklich: Wer nämlich schlau ist, sammelt die Erde, die der kleine Insektenfresser so gründlich durchpflügt hat, ein und befüllt damit seine Blumentöpfe – 1A-Pflanzerde zum Nulltarif!

Der Maulwurf verbringt praktisch sein ganzes Leben unterirdisch. Er kommt höchstens einmal zum Vorschein, um sein Revier zu wechseln oder um sich bei einer Überschwemmung vor dem Ertrinken zu retten. Und natürlich um Erde aus seinem Tunnelsystem zu schaffen. Sein unterirdisches Reich erstreckt sich über eine Fläche von vier- bis achthundert Quadratmetern. Er ist in der Lage, an einem einzigen Tag bis zu dreißig Meter neue Tunnelstrecken zu graben. Dabei helfen ihm seine starken Muskeln, die fest an den Knochen der vorderen Gliedmaßen ansetzen, und dazu seine mit kräftigen Krallen ausgestatteten Grabschaufeln. Die Armknochen des Maulwurfs sind zudem in der Länge so aufeinander abgestimmt, dass die Schaufelwirkung maximiert wird.

Zwischen Mitte Februar und Mitte März ist Paarungszeit. In einem mit Laub und trockenem Gras ausgepolsterten

Nest unter der Erdoberfläche bringt das Weibchen einmal im Jahr zwei bis sieben Junge zur Welt.

Innerhalb von 24 Stunden durchstreift der Maulwurf sein unterirdisches Gangsystem drei bis vier Mal auf der Suche nach Insektenlarven und nach den Regenwürmern, die neunzig Prozent seiner Nahrung ausmachen. Die übrige Zeit schläft oder ruht er.
Für Zeiten des Nahrungsmangels legt der Maulwurf einen Vorrat an Regenwürmern an, denen er die vordersten Körpersegmente abbeißt, damit sie nicht mehr davonkriechen können. Stößt ein Gärtner beim Graben auf eine solche Vorratskammer, muss sie ihm erscheinen wie ein »Würmernest«.

Sein Maulwurfspelz ist übrigens nicht zwingend schwarz, sondern kann mitunter auch grau, cremefarben oder sogar hellapricot sein. Der Pelz, mit dem er ununterbrochen an den Seiten der unterirdischen Gänge entlangstreift, besteht ausschließlich aus Wollhaaren und ist dicht und weich wie Samt. Früher wurden aus Maulwurfspelz mit Vorliebe feine Mantelkragen und Handwärmer gefertigt.

In Deutschland steht der Maulwurf heute wie alle heimischen Säugetierarten unter Schutz, und auch in Österreich fällt er unter das Tierschutzgesetz.

Große Winkelspinne

Eratigena atrica

Körpergröße

Männchen 14–15 Millimeter, Weibchen
18–20 Millimeter

Beinspannweite

5–6 Zentimeter (Männchen mit aus-
gestellten Beinen)

Gewicht

wenige Gramm

Geschlechtsreife

mit 3 bis 36 Monaten

Lebenserwartung

Männchen knapp 2 Jahre, Weibchen
über fünf Jahre

Lebensraum

grüne Brachen, Ackerland, Gemüse-
und Obstgärten, Gehölze, Gärten,
Parks und Friedhöfe, Mauerritzen,
Böschungsmauern, Gebäude und
Bauten aller Art, Bahntunnel, Brü-
ckenbauten

Gewiss, Spinnen sind nicht nach jedermanns Geschmack, doch im Kampf gegen Schaben, Mücken und andere lästige Insekten leisten sie uns ehrenwerte Dienste. Und die Große Winkelspinne, auch schlicht Hausspinne genannt, kennt wohl jeder. Sie ist eine der größten Spinnen Europas.

Luftig und nicht zu trocken sollte es für sie sein, so sind ihre bevorzugten Aufenthaltsorte Gärten, Garagen und Keller. Ganz typisch ist das dicht gesponnene, oft trichterförmige Netz, das in ein röhrenförmiges Versteck mündet. Glatte, steile Wände kann das nachtaktive haarige Spinnentier nicht überwinden, weshalb wir sie manchmal morgens im Waschbecken oder in der Badewanne finden. Erbarmen Sie sich! Fangen Sie die Spinne vorsichtig mit einem Glas ein, und setzen Sie sie draußen frei. Dies sollten Sie allerdings umgehend tun, denn eine Spinne, die die Nacht im Glasgefängnis verbringen muss, ist am nächsten Morgen erstickt.

Anders als die meisten anderen europäischen Spinnen kann die Große Winkelspinne mehrere Jahre alt werden. Trotz des kleineren Körpers erscheint das Männchen mit

seinen besonders langen Beinen größer als das Weibchen. Mit seinen vorn am Kopf befindlichen Kiefertastern
befördert es bei der Paarung seine Spermien in die Geschlechtsöffnung des Weibchens, wo die Eier befruchtet
werden. Schon bald danach stirbt das Männchen. Auch
das Weibchen lebt nur noch bis kurz nach der Eiablage.

Die Große Winkelspinne ist in Haushöfen, Gärten und
Wohnhäusern zu finden, wo sie sich unter oder hinter
Steinen und anderen Gegenständen wohnlich einrich-
tet. Bei der geringsten Störung flüchtet sich das überaus
scheue Spinnentier im Eiltempo tief in seine Gespinst-
röhre. Die Borsten und Haare an den Beinen und die
feinen Härchen des gesamten weichen Körpers sind, wie
bei allen Spinnen, das wichtigste Sinnesorgan, sie nimmt
damit geringste Erschütterungen sowie tieffrequenten
Schall wahr.

Diese Spinne fegt unsere Fußböden frei von Asseln und
all den Sechsbeinern, die wir Menschen im Allgemeinen
nicht mögen, darunter Fliegen, Mücken, Silberfischchen
und ins Haus verirrte Wespen – unser natürlicher Insek-
tenvernichter sozusagen.